CHINA NAVY HYDROGRAPHIC OFFICE

IHO International Hydrographic Organization

U0155699

S-102:
测深表面产品规范
（2.1.0版）

S-102: BATHYMETRIC SURFACE PRODUCT SPECIFICATION
EDITION 2.1.0

国际海道测量组织　著

陈长林　梁志诚　李明辉　杨管妍　卢　涛　洪安东　黄贤源　译

海洋出版社

2023年·北京

图书在版编目(CIP)数据

S-102：测深表面产品规范：2.1.0版 / 国际海道测量
组织著；陈长林等译. -- 北京：海洋出版社, 2023.8
　ISBN 978-7-5210-1155-5

　Ⅰ. ①S… Ⅱ. ①国… ②陈… Ⅲ. ①海洋测量－测深
－规范 Ⅳ. ①P229-65

　中国国家版本馆CIP数据核字(2023)第151833号

责任编辑：杨　　明
责任印制：安　　淼

海洋出版社 出版发行
http://www.oceanpress.com.cn
北京市海淀区大慧寺路 8 号　　邮编：100081
鸿博昊天科技有限公司印刷
2023年8月第1版　　2023年9月第1次印刷
开本：889mm×1194mm　　1／16　　印张：6
字数：149千字　　定价：50.00元
发行部：010-62100090　　总编室：010-62100034
海洋版图书印、装错误可随时退换

《国际海道测量组织 S-100 系列标准》 编译委员会

主 任 委 员：赖云俊

副主任委员：于　波　侯　健　谭冀川

委　　　员：徐显强　平　刚　申家双　王　川

编 译 人 员：

S-100：通用海洋测绘数据模型（4.0.0 版）

陈长林

S-101：电子航海图产品规范（1.0.0 版）

陈长林　卢　涛　梁志诚　杨管妍　黄　毅　李庆伟　吴礼龙

S-102：测深表面产品规范（2.1.0 版）

陈长林　梁志诚　李明辉　杨管妍　卢　涛　洪安东　黄贤源

S-111：表层流产品规范（1.1.1 版）

陈长林　梁志诚　贾俊涛　赵　健　卢　涛　洪安东　黄　毅

S-129：富余水深管理信息产品规范（1.0.0 版）

陈长林　李明辉　肖付民　卢　涛　洪安东　兰莉莎　崔文辉

今天，人类社会进入数字时代，数据成为重要的生产要素，成为一个国家的战略性资源。数据的标准化则是挖掘数据价值，发挥数据潜力的重要科学保障。作为构成地球表层系统主体的海洋，则是一个复杂的四维动态系统，更是一个"要素多元多维、现象耦合关联、环境复杂多变"的巨系统，如何实现各类地理信息资源的内在有机表达、整合与关联是地学领域需要重点研究的难题之一。

面对海洋空间各类地理信息的融合应用需求，国际海道测量组织（IHO）在充分借鉴 ISO 19100 地理信息系列标准的基础上，结合海洋领域特点加以裁剪或扩展，提出了"1+N+X"（1 个通用模型，N 个应用领域，X 个产品规范）的 S-100 系列标准体系，构成了海洋领域全空间信息建模、表达与应用统一框架，为海洋地理信息系统的蓬勃发展提供了新的契机，也为海陆地理信息深度融合提供了重要机遇。

《国际海道测量组织 S-100 系列标准》丛书出版恰逢其时、意义重大、影响深远。相比于 ISO 19100 地理信息系列标准，S-100 系列标准在某些设计方面更加先进，例如即插即用符号化机制。S-100 系列标准将于 2026 年进入实质性推广应用阶段，到 2029 年将成为国际海事组织（IMO）的强制标准，但目前国内相关知识和技术储备尚无法应对标准体系换代带来的一系列问题。为此，建议国内相关人员尽早开展研究学习，充分消化吸收国际先进理念，集智攻关解决数据生产转换、综合集成和智能应用等难题，积极参与甚至主导后续相关标准规范的制定工作，为加快海洋强国建设、凸显国际责任担当和提高国际影响力发挥应有的贡献。

中国科学院 院士

中国科学院地理科学与资源研究所 研究员

2023 年 9 月 1 日

标准是人类智慧的结晶，是行业发展水平的重要体现，是经济活动和社会发展的技术支撑，是国家基础性制度的重要方面。标准在推动人类发展进步、推进国家治理体系和治理能力现代化中发挥着基础性、引领性作用。海洋测绘标准建设是海洋测绘事业的重要组成部分，是促进海洋测绘事业转型发展、提升海洋测绘服务保障能力、确保海上航行安全的重要基础支撑。

国际海道测量组织（英文缩写 IHO）属政府间技术咨询性国际组织，旨在全球范围内制定海洋测绘数据、产品、服务和技术标准，促进各国标准统一，确保海上航行安全。我国是 IHO 创始成员国之一，对于 IHO 标准具有履约职责和推广应用义务。

作为我国海洋基础测绘主管部门和我国在 IHO 的官方代表机构，中国人民解放军海军海道测量局一直负责我国海洋测绘领域国家标准归口管理，在国家标准化管理委员会指导下，开展涵盖海洋测量、海洋制图、海洋测绘数据库建设、海洋信息标准化处理等方面的国家标准建设。新中国成立 70 多年来，我国海洋测绘标准从无到有，从直接引进转化到自行研究制定，从相对零散到形成体系，先后发布实施了《海道测量规范》《中国海图图式》等九项国家标准和数十项国家军用标准，有效支撑了我国海洋测绘工作，保障了海上航行安全。

当前，IHO 正在持续推动新一代通用海洋测绘数据模型（标准编号为 S-100）落地与应用，为海洋时空信息表达与智能航海应用提供统一框架，基于该标准研究制定系列海洋测绘产品规范（统称为 S-100 系列标准），计划 2025 年开始启用新一代电子航海图标准，推动 S-100 系列标准进入实质应用阶段。为紧跟国际标准发展，完善我国海洋测绘标准体系，中国人民解放军海军海道测量局于 2010 年在国内公开出版了 S-100 标准 1.0 版中文译本，随后紧密开展跟踪研究，于 2018 年初步完成了样例数据解析、转换与显示应用等关键技术攻关，与国际先进水平基本保持同步发展。为深入贯彻落实我国"建设海洋强国"的重大决策部署，加速提升我国海洋地理信息技术水平，考虑 S-100 系列标准已趋于完善，我国海洋测绘标准建设正处于重要转型阶段，中国人民解放军海军海道测量局 2019 年启动新版 S-100 系列标准的翻译出版工作，并于 2021 年形成初步成果。经 IHO 授权，现将相关译稿公开出版，为广大海洋测绘研究与应用人员提供参考。

中国人民解放军海军海道测量局

2023 年 8 月 27 日

S-102 产品规范专门面向高分辨率海底地形格网数据的生产与应用，其基本框架已经成型，主要包括数据内容和结构、坐标系、封装格式、图示表达和元数据等相关内容，可满足测试应用需求。与常规的地形格网产品规范相比，S-102 产品规范具有如下优点：

（1）由于数据来源、测量技术和深度的差异，同一数据集内的不同水深很可能具有不同精度，对此，S-102 引入了"不确定度"，用于表示每个格网水深的数据质量情况。

（2）可通过伪三维显示、太阳光照、连续图像等方法实现 S-102 数据显示，为海员提供了更加直观和规范化的海底地形环境呈现方式。

（3）允许使用数字签名算法，可实现版权保护和数字认证。

本译稿在以下两个方面进行了特殊处理：

（1）S-102 产品规范中含有大量的类名或属性名，保留其原有英文表达更符合实际应用需求，但是对部分读者而言可能会带来阅读不便问题。为此，本书翻译过程采用一种折中处理方式：以双引号囊括类名或属性名，当有必要时在其后加上一个括号，括号内写明其主要含义，特别是当第一次出现该类名或属性名时。

（2）部分标题上同时保留了中文和英文，以便读者在查阅资料时能够在译稿中快速匹配对应内容。

本译稿对应于 2022 年 10 月版本。如果发现译稿中存在翻译错误或者不准确之处，敬请批评指正，相关意见建议可发至电子邮箱：gisdevelope@126.com。

IHO 授权信息

1

7　数据采集和分类

8　数据维护

9　图示表达

10　数据产品格式（编码）

1　概述

随着电子导航的出现以及测量系统和生产力技术的进步，通过描绘高分辨率测深图来增强海上导航能力已成为一项要求。使用标准化格式提供和利用此类数据对于船舶安全和精确导航而言至关重要，更是其他海事相关应用的重要基础。

1.1　引言　

本文档阐述符合 S-100 标准的测深表面产品规范。S-102 测深表面产品是一种以规则格网结构描绘海底的数字高程模型，包含航海表面概念的各个方面（Smith et al., 2002）。今后既可以用作符合 S-100 的电子海图显示信息系统导航的重要元素／来源，也可以作为独立产品使用。该产品规范的基础是 IHO S-100 框架规范和 ISO 19100 系列标准。它包括测深表面产品的内容模型（空间结构和元数据）、编码结构、图示表达和交换文件格式。

1.2　引用文件　

IHO S-100	Universal Hydrographic Data Model v4.0.0, December 2018	IHO 通用海洋测绘数据模型 4.0.0 版，2018 年 12 月
IHO S-44	Standards for Hydrographic Surveys 6th Edition, September 2020	海道测量规范第 6 版，2020 年 9 月
IHO S-4	Regulations of the IHO for International (INT) Charts and Chart Specifications of the IHO, Edition 4.8.0, October/November 2018.	INT 国际海图和 IHO 海图规范 4.8.0 版，2018 年 10/11 月
IHO S-32	Hydrographic Dictionary 5th Edition, Part 1, Volume 1 (English), 1994	海道测量辞典第 5 版，第 1 部分，卷 1（英语），1994 年
ISO 8601:2004	Data elements and interchange formats - Information interchange -Representation of dates and times	数据元和交换格式 — 信息交换 — 日期和时间表示法
ISO/TS 19103:2015	Geographic information - Conceptual schema language	地理信息 — 概念模式语言
ISO 19111:2007	Geographic information - Spatial referencing by coordinates	地理信息 — 基于坐标的空间参照
ISO 19115-1:2014/2018 年修订版 1	Geographic information - Metadata	地理信息 — 元数据
ISO 19115-2:2009	Geographic information - Metadata: Extensions for imagery and gridded data	地理信息 — 元数据：影像和格网数据的扩展

续表

ISO 19123:2005	Geographic information - Schema for coverage geometry and functions	地理信息 — 覆盖几何特征与函数模式
ISO 19129:2009	Geographic information - Imagery gridded and coverage data framework	地理信息 — 影像格网和覆盖数据框架
ISO 19131:2007/2011 年修订版 1	Geographic information - Data product specifications	地理信息 — 数据产品规范
ISO/IEC 19501:2005	Information technology - Open Distributed Processing - Unified Modelling Language Version 1.4.2	信息技术 — 开放分布式处理 — 统一建模语言 1.4.2 版

Smith, Shep M. LT; Alexander, Lee; and Armstrong, Andy, "The Navigation Surface: A New Database Approach to Creating Multiple Products from High-Density Surveys" (2002). International Hydrographic Review. http://scholars.unh.edu/ccom/976

Calder, Brian; Byrne, Shannon; Lamey, Bill; Brennan, Richard T.; Case, James D.; Fabre, David; Gallagher, Barry; Ladner, Wade R.; Moggert, Friedhelm; and Patron, Mark, "The Open Navigation Surface Project" (2005). International Hydrographic Review. https://scholars.unh.edu/ccom/1011

1.3 术语、定义和缩略语

1.3.1 语气的使用

本文档中：

- "必须"（Must）表示强制性（mandatory）要求；
- "应该"（Should）表示可选（optional）要求，即推荐处理，不具有强制性；
- "可以"（May）表示"允许"（allowed to）或"或许"（could possibly），不具有强制性。

1.3.2 术语和定义

精度 Accuracy

测试结果与公认参考值之间的接近程度。

注释　测试结果可以是观测结果或量测结果。

坐标 Coordinate

用 n 个有序数组表示一个点在 n 维空间中的位置。

注释　数值必须由单位限定。

坐标参照系 Coordinate Reference System

通过基准与现实世界相关联的坐标系。

覆盖 Coverage

在空间域、时间域或时空域中，为任意直接位置充当函数，从其值域中返回数值的要素。

注释　换句话说，覆盖是每个属性类型有多个值的要素，要素几何表示中的每个直接位置都有一个属性值。

示例　实例有栅格影像、多边形覆盖或数字高程矩阵。

覆盖几何 Coverage Geometry

用坐标描述的覆盖域的结构。

直接位置 Direct Position

用坐标参照系中的一组坐标描述的位置。

域 Domain

定义明确的集合。

注释　域用于定义属性、运算符和函数的域集和值域集。

水深 Depth

从指定水平面到底部的垂直距离。

要素 Feature

对现实世界现象的抽象。

注释　要素可以通过类型或实例的形式出现。当仅表达一种含义时，应使用要素类型或要素实例。

要素属性 Feature Attribute

要素的特征。

注释　要素的属性包括名称、数据类型及与其相关的值域。某个要素实例的要素属性也具有一个来自其值域的属性值。

函数 Function

从一个域（源或函数的定义域）中的每一个元素到另一个域（目标域，因变量域、值域）中一个唯一元素相关联的规则。

注释　值域由其他域定义。

几何对象 Geometric Object

表示一组直接位置集合的空间对象。

注释　几何对象由几何单形、几何单形的组合或处理为一个单独实体的几何复形构成。几何对象可以作为一个对象（诸如要素或要素的一个重要部分）的空间特性。

格网 Grid

由两组或多组曲线组成的网络，其中每组中的成员按系统规则与其他组中成员相交。

注释　曲线集把空间分割成格网单元。

格网点 Grid Point

在一个格网中，两组或多组曲线相交形成的点。

激光雷达 LIDAR

使用激光脉冲测距的光学遥感技术。

注释　激光雷达可以测量浅水水深。

航海表面 Navigation Surface

一种覆盖，表示水深测量和相关不确定度，此类对象可被操作、组合并用于多项任务的方法，已经过航海安全认证。

值域 < 覆盖 > Range <coverage>

通过函数，与覆盖域内元素关联的要素属性值的集合。

记录 Record

有限的、命名的相关项（对象或值）集合。

注释　从逻辑上讲，记录是 < 名称、项 > 对的集合。

校正格网 Rectified Grid

格网坐标和外部坐标参照系坐标之间存在线性关系（仿射变换）的格网。

注释　如果某个坐标参照系通过基准与地球相关，该格网就是地理校正格网。

可参照性格网 Referenceable Grid

与一个变换相关联的格网，该变换常用来将格网坐标值转换成参照外部坐标参照系的坐标值。

声呐 SONAR

利用声音在水中传播进行测距的技术，主要用于水深测量。

时空域 < 覆盖 > Spatiotemporal Domain <coverage>

空间和 / 或时间坐标描述的几何对象组成的域。

注释　连续覆盖的时空域包括一组直接位置，它们与几何对象集合相关联。

切片模式 Tiling Scheme

一个离散的覆盖，用于将数据拆分成一系列边界匹配的瓦片。

曲面 Surface

2 维几何单形，局部表示某平面一个区域的连续映像。

注释　曲面的边界是定义曲面界限的有向、闭合曲线的集合。

不确定度 Uncertainty

在特定置信水平下，测量真实值会落入（给定值）区间内。

注释 误差在水深测量中普遍存在，是测量值和真实值之间的差。水深真实值永远不可能测得，因此无法知道误差的具体值。不确定度是对该误差可能大小的统计评估。

矢量 Vector

有方向且有大小的量。

注释 如果一条线段的长度和方向等价于一个矢量的大小和方向,则该有向线段可以表达该矢量。术语矢量数据是指将要素的空间结构表示为一组有向线段的数据。

1.3.3 缩略语

本产品规范采用如下惯用缩略语：

API	Application Pogramming Interface	应用程序接口
BAG	Bathymetric Attributed Grid	测深属性格网
DS	Digital Signature	数字签名
DSS	Digital Signature Scheme	数字签名方案
ECDIS	Electronic Chart Display and Information System	电子海图显示与信息系统
ECS	Electronic Chart System	电子航海图系统
ENC	Electronic Navigational Chart	电子航海图
GML	Geography Markup Language	地理标记语言
IHO	International Hydrographic Organization	国际海道测量组织
ISO	International Organization for Standardization	国际标准化组织
LIDAR	Light Detection and Ranging	光探测和测距（激光雷达）
NS	Navigation Surface	航海表面
ONS	Open Navigation Surface	开放航海表面
PK	Public Key	公钥
SA	Signature Authority	签名机构
SK	Secret Key	密钥
SONAR	Sound Navigation and Ranging	声波导航与测距，即声呐
UML	Universal Modelling Language	统一建模语言

1.4 通用 S-102 数据产品说明

标题： 测深表面产品规范

摘要： 本文档为测深表面产品规范，测深表面产品可以单独使用，也可以在未来符合 S-100

的 ECDIS 导航中作为重要元素 / 来源。产品被定义为具有不同覆盖范围的数据集。本产品规范包括内容模型和独立编码。

缩写：　　　S-102

内容：　　　本产品规范定义了 S-102 测深数据产品必须满足的所有要求。具体而言，根据要素目录中的要素和属性定义数据产品内容。要素的显示用图示表达目录中的符号和规则集进行定义。"数据分类和编码指南（DCEG）"提供了定义数据产品内容的指南。附录 A 和附录 C 将为开发者提供实施指南。

空间范围：

　　　　　　描述：航海区域。

　　　　　　东边经度：180°

　　　　　　西边经度：−180°

　　　　　　北边纬度：90°

　　　　　　南边纬度：−90°

用途：　　　测深表面产品的主要用途是提供格网形式的高分辨率水深测量数据，用于支持航海安全。测深表面产品可能存在于海事领域的任何地方，没有范围限制。S-102 测深与其他 S-100 标准相关产品的图示表达，旨在支持安全通行、精确靠泊和系泊以及船舶航线规划。测深表面产品的次要用途是为其他海事应用提供高分辨率的测深数据。

1.5 产品规范元数据

此信息是本产品规范的唯一标识，提供相关创建和维护信息。数据集的元数据详见条款 12。

标题：　　　　测深表面产品规范

S-100 版本：　4.0.0

S-102 版本：　2.1.0

日期：　　　　2022 年 10 月

语言：　　　　英语

密级：　　　　"unclassified"（非保密）

联系方式：　　International Hydrographic Organization

　　　　　　　4 Quai Antoine 1er

　　　　　　　B.P. 445

　　　　　　　MC 98011 MONACO CEDEX

　　　　　　　电话：+377 93 10 81 00

　　　　　　　传真：+377 93 10 81 40

　　　　　　　电子邮箱：info@iho.int

网址：　　　　www.iho.int

标识符：　　　IHO:S100:S102:2:1:0

维护：　　　　对 S-102 产品规范的修改由 IHO 的 S-100 工作组（S-100WG）负责协调，并且必须通过 IHO 网站发布。产品规范的维护必须符合"IHO 技术决议 2/2007 修订版"。

1.6 IHO 产品规范维护

1.6.1 引言

IHO 对 S-102 的修改分为三个不同级别：新版（New Edition）、修订（Revisions）或更正（Clarification）。

1.6.2 新版

新版 S-102 包含重大修改。新版可以支持新概念，例如支持新功能或应用，或引入新的结构或数据类型。新版可能会对 S-102 的现有或潜在用户产生重大影响。

1.6.3 修订

修订是对 S-102 的实质性语义修改。通常，修订会修改现有规范以更正事实错误；引入因实践经验或环境变化而变得显而易见的必要修改；或在现有部分中添加新规范。修订绝不能归类为更正。修订可能会对现有用户或潜在用户产生影响。所有累积的更正都必须包含在经批准发布的修订版中。

修订中的改动幅度很小，需确保与同一版次（edition）之前版本（version）向后兼容。例如，增加新要素和新属性时，可以发布修订版。同一版次中，旧版本数据集往往可采用新版本的要素目录和图示表达目录处理。

多数情况下，一个新的要素目录或图示表达目录均需发布修订版 S-102。

1.6.4 更正

更正是针对 S-102 的非实质性修改。通常，更正包括：消除歧义；纠正语法和拼写错误；修改或更新交叉引用；在拼写、标点和语法中插入改进图形。更正不得对 S-102 进行任何实质性语义修改。

更正中的改动幅度很小，需确保与同一版次（edition）之前版本（version）向后兼容。在同一版次中，旧版本数据集往往可采用新版本的要素目录和图示表达目录处理，并且图示表达目录始终可以依赖于要素目录的早期版本。

1.6.5 版本号

S-102 版本编号必须遵循以下规则：

新版表示为 $n.0.0$

修订表示为 n.n.0

更正表示为 n.n.n

2 规范范围

本产品规范只定义了一个适用于其所有章节的通用范围。

范围标识："GeneralScope"（通用范围）

3 数据产品标识

标题：　　　　测深表面

摘要：　　　　测深表面产品由一组规则格网覆盖的值和相关的元数据组成，适用于海洋、河流、湖泊或其他水域。最终的格网覆盖包括水深值和与矩阵中每个位置关联的不确定度估值。

专题类别：　　根据 ISO/IEC 19115-1"MD_TopicCategoryCode"（专题类别代码）定义的产品主题：

006- elevation（高程）

014-oceans（海洋）

012-inlandWaters（内水）

地理描述：　　海上通航区域。

空间分辨率：　空间分辨率，或格网矩阵单元大小（地面样本额定距离）所覆盖的地球上的空间尺寸，根据（生产者海道测量局）采用的模型而变化。

用途：　　　　测深表面产品的主要用途是提供格网形式的高分辨率测深，支持安全航海。次要用途是为其他海事应用提供高分辨率测深。

语言：　　　　英语（必选），其他（可选）

密级：　　　　数据分类如下：

1. "unclassified"（非保密）

2. "restricted"（受限）

3. "confidential"（秘密）

4. "secret"（机密）

5. "top secret"（绝密）

6. "Sensitive but Unclassified"（敏感但非保密）

7. "for official use only"（仅供官方使用）

8. "protected"（受保护）

9. "limited distribution"（限制发行）

空间表示类型：产品的空间表示类型，由 ISO 19115 的"MD_SpatialRepresentationTypeCode：002-grid"定义。

联系信息：　　生产机构

4 数据内容和结构

4.1 引言

测深表面产品涵盖航海表面概念的各个方面，除水深估值之外，还可以包含经计算和保存的水深不确定度。图 4-1 显示了 S-102 的整体结构图。由图可知，测深表面产品由一组数据组成，包括 HDF5 数据集和"Didital Certication Block"（数字认证块）。生产导航用途的数据产品时，数字认证块是必选的，便于用户追踪数据是否已认证。HDF5 文件包括数据（空间、要素和发现）及水深和不确定度共同构成的配套覆盖。S-102 使用 S-100 数据保护模式来确保认证和授权。

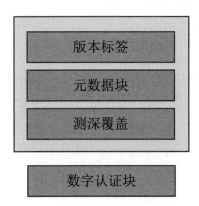

图4-1　S-102整体结构

因此，测深表面产品综合使用了 IHO S-100 第 8 部分定义的覆盖类型和 IHO S-100 第 4 部分定义的信息类型。详见条款 4.2 中的描述。

4.2 应用模式

应用模式数据集结构见图 4-2 和图 4-3。图中显示了一些专门用于 S-102 的类和两组实现类。S-102 测深数据的实际数据集仅包含实现类。应用模式中其他类的所有必需属性都由产品规范中的条款来确定。这种创建应用模式的方式提供了一种便于实现的简易结构。

图 4-2 中的模型表明了：

- 从"S100_DataSet"（数据集）继承的"S102_DataSet"（数据集）引用"S102_IGCollection"（影像和格网数据集合）。S-100 中可以有多个集合，但 S-102 只需要一个集合保存测深覆盖。"S102_DiscoveryMetadata"（发现元数据类）描述了标识整个数据集所需的元数据实体。所需的发现元数据通过类"S102_DSMetadataBlock"（数据集元数据块）实现。

- "S102_IGCollection"（影像和格网数据集合）是"S100_IGCollection"（影像和格网数据集合）的子类型，其实例由一组"S102_CollectionMetadata"（集合元数据）描述。该关系为一一对应，即"S102_IGCollection"的每个实例都存在一组集合元数据。在 S-100 相关数据产品中有大量可供使用的元数据。只有少量发现元数据是 ISO 19115 强制要求的。条款 12.2 讨论元数据的选择。大部分元数据可以解析为产品规范的一部分。只有那些因不同于"IG_collection"（集合）项的元数据才需要包含在"S102_MetadataBlock"（元数据块）实现类中。

这在条款 4.2.1 中有进一步的讨论。

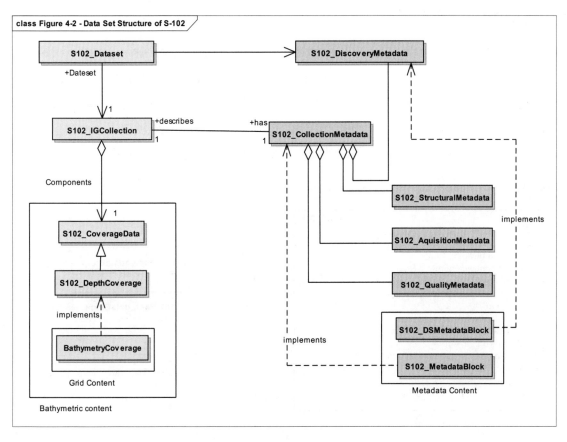

图4-2　S-102数据集结构

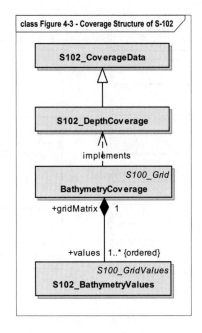

图4-3　S-102覆盖结构

图 4-3 中的模型描述该应用模式的覆盖类型：

- 覆盖类型是名为"S102_DepthCoverage"（水深覆盖）的离散规则格网覆盖，继承自"S100_GridCoverage"（格网覆盖）。覆盖的许多参数在产品规范中描述。

4.2.1 应用模式实现类

应用模式模板的实现类见图 4-4，其中显示了与覆盖相关的类以及属性类的属性。

为了简化实现，对 S-102 假定了一些默认值。这些默认值既可以简化实现，也有助于简化与航海表面（Navigation Surface，NS）实现的交互，包括来自开放航海表面（Open Navigation Surface，ONS）工作组和其他测深格网类型中的航海表面实现。以下小节将采用默认值，以便在生成实现类的编码时不需要对它们进行编码。但是，若有指定值，则必须采用规定值，除非另有规定。

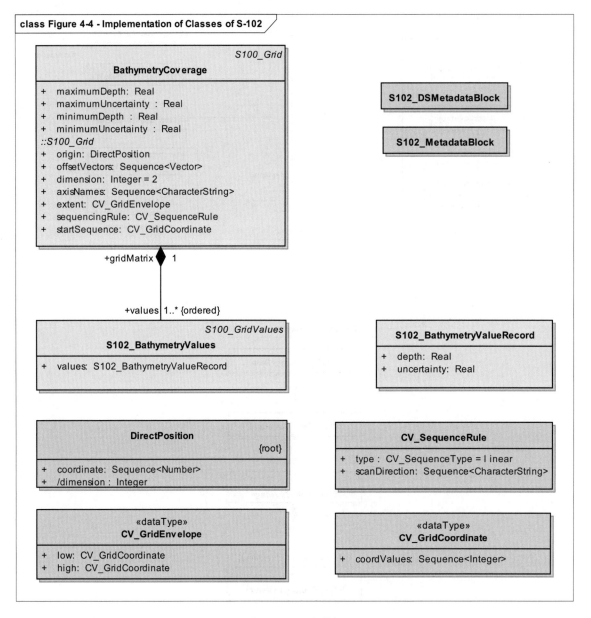

图4-4　S-102实现类

4.2.1.1 实现类描述

4.2.1.1.1 BathymetryCoverage（测深覆盖）

4.2.1.1.1.1 BathymetryCoverage（测深覆盖）语义

类"BathymetryCoverage"（测深覆盖）具有"minimumDepth"（最小水深）、"maximumDepth"（最大水深）、"minimumUncertainity"（最小不确定度）和"maximumUncertainty"（最大不确定度）属性，它们绑定"S102_BathymetryValues"（测深值）记录的"depth"（水深）属性和"uncertainty"（不确定度）属性。另外，还包含"S100_Grid"（格网）和"CV_Grid"（格网）的继承属性"origin"（原点）、"offsetVectors"（偏移矢量）、"dimension"（维度）、"axisName"（轴名称）、"extent"（覆盖范围）、"sequenceRule"（序列规则）和"startSequence"（起始序列）。

原点是规定坐标参照系中的位置，一组偏移矢量规定格网线之间的方向和距离。它还包含校正格网的附加几何特征。

4.2.1.1.1.2 minimumDepth（最小水深）

"minimumDepth"（最小水深）的属性类型是实型，该类描述"S102_BathymetryValues"（测深值）记录中所有"depth"（水深）值相应估值的下限。该属性是必选的。没有默认值。

4.2.1.1.1.3 maximumDepth（最大水深）

"maximumDepth"（最大水深）的属性类型是实型，该类描述了"S102_BathymetryValues"（测深值）记录中所有"depth"（水深）值相应估值的上限。该属性是必选的。没有默认值。

4.2.1.1.1.4 minimumUncertainty（最小不确定度）

"minimumUncertainty"（最小不确定度）的属性类型是实型，该类描述了"S102_BathymetryValues"（测深值）记录中所有"depth"（水深）值相应估值的不确定度的下限。如果所有不确定值都被填入了填充值（即如果数据中不存在实际不确定度），则应使用填充值填入该属性。该属性是必选的。没有默认值。

4.2.1.1.1.5 maximumUncertainty（最大不确定度）

"maximumUncertainty"（最大不确定度）的属性类型是实型，该类描述了"S102_BathymetryValues"（测深值）记录中所有"depth"（水深）值相应估值的不确定度的上限。如果所有不确定值都被填入了填充值（即如果数据中不存在实际不确定度），则应使用填充值填入该属性。该属性是必选的。没有默认值。

4.2.1.1.1.6 origin（原点）

"origin"（原点）的属性类型是"DirectPosition"（直接位置），该类用于坐标参照系中校正格网原点的位置定位。该属性是必选的。没有默认值。在编码中分为"gridOriginLatitude"（格网原点纬度）和"gridOriginLongitude"（格网原点经度）特性。

4.2.1.1.1.7 offsetVectors（偏移矢量）

"offsetVectors"（偏移矢量）的属性类型是"Sequence <Vector>"（序列＜矢量＞），该类是一系列偏移矢量元素，用于确定每个方向上的格网间隔。ISO/TS 19103 中规定了数据类型"Vector"（矢量）。该属性是必选的。没有默认值。HDF5 编码以两个 HDF5 属性的形式实现并简化"offsetVectors"（偏移矢量）："gridSpacingLatitudinal"（格网纬度间隔）和"gridSpacingLongitudinal"（格网经度间隔）。

4.2.1.1.1.8　dimension（维度）

"dimension"（维度）的属性类型是"Integer"（整型），用于标识格网的维度。本产品规范中的格网维度为 2。此值在本产品规范中是固定的，无须编码。

4.2.1.1.1.9　axisNames（轴名称）

"axisNames"（轴名称）的属性类型是"Sequence <CharacterString>"（序列 < 字符串 >），用于指定格网轴名称。格网轴名称应符合 CRS 的名称。根据本规范，对于允许的 CRS，轴名称应为无投影数据集的"Latitude"（纬度）和"Longitude"（经度），或投影空间中的"Northing"（朝北）和"Easting"（朝东）。

4.2.1.1.1.10　extent（覆盖范围）

"extent"（覆盖范围）的属性类型是"CV_GridEnvelope"（格网外接矩形框），包含了覆盖的空间域范围。"CV_GridEnvelope"为格网的对角提供格网坐标值。默认值可以从数据集的边界框生成。在编码中，属性"边界框"（BoundingBox）用于保存范围。

4.2.1.1.1.11　sequencingRule（序列规则）

"sequenceRule"（序列规则）的属性类型是"CV_SequenceRule"（序列规则），用于描述格网点的排序，与序列值的元素相关联。默认值为"Linear"（线性）。不允许有其他选项。

4.2.1.1.1.12　startSequence（起始序列）

"startSequence"（起始序列）的属性类型是"CV_GridCoordinate"（格网坐标），用于标识与值序列中第一个记录相关联的格网点。默认值为格网左下角点。不允许有其他选项。

4.2.1.1.2　S102_BathymetryValues（测深值）

4.2.1.1.2.1　S102_BathymetryValues（测深值）语义

类"S102_BathymetryValues"（测深值）通过组合关系与"BathymetryCoverage"（测深覆盖）相关联，其中一组"depth"（水深）值的有序序列为每个格网单元提供数据值。类"S102_BathymetryValues"（测深值）继承自"S100_Grid"（格网）。

4.2.1.1.2.2　values（值）

"values"（值）的属性类型是"S102_BathymetryValueRecord"（测深值记录），它是格网点对应的一组值项。测深值记录包含两种属性，即"S102_BathymetryValues"（测深值）类的"depth"（水深）和"uncertainty"（不确定度）属性。"depth"（水深）用"S102_DataIdentification"（数据标识）类中的"depthCorrectionType"（水深更正类型）属性定义。值记录中的数据类型由"S102_DataIdentification"（数据标识）类中的"verticalUncertaintyType"（垂直不确定度类型）属性定义。

4.2.1.1.2.3　DirectPosition（直接位置）

4.2.1.1.2.3.1　DirectPosition（直接位置）语义

"DirectPosition"（直接位置）类保存坐标参照系中的位置坐标。

4.2.1.1.2.3.2　coordinate（坐标）

"coordinate"（坐标）属性是一组数字，用于保存指定参照系中的位置坐标。

4.2.1.1.2.3.3　dimension（维度）

"dimension"（维度）属性是派生属性，用于描述坐标长度。

4.2.1.1.3　CV_GridEnvelope（格网外接矩形框）

4.2.1.1.3.1　CV_GridEnvelope（格网外接矩形框）语义

类"CV_GridEnvelope"（格网外接矩形框）为界定格网的完全对角顶点提供格网坐标值。它有两个属性。

4.2.1.1.3.2　low（下限）

"low"（下限）属性应为格网边界点的最小坐标值。在本规范中，它表示西南角坐标。

4.2.1.1.3.3　high（上限）

"high"（上限）属性应为格网边界点的最大坐标值。在本规范中，它表示东北角坐标。

4.2.1.1.4　CV_GridCoordinate（格网坐标）

4.2.1.1.4.1　CV_GridCoordinate（格网坐标）语义

类"CV_GridCoordinate"（格网坐标）是用于保存"CV_GridPoint"（格网点）格网坐标的数据类型。

4.2.1.1.4.2　coordValues（坐标值）

"coordValues"（坐标值）的属性类型是"Sequence<Integer>"（序列<整型>），该类为格网的每个维度保存一个整数值。这些坐标值的顺序应与"axisNames"（轴名称）元素的顺序相同。单个坐标的值应为在特定轴方向上距格网原点的偏移数。

4.2.1.1.5　CV_SequenceRule（序列规则）

4.2.1.1.5.1　CV_SequenceRule（序列规则）语义

类"CV_SequenceRule"（序列规则）用于将格网坐标映射到要素属性值记录序列中的一个位置。它有两个属性。

4.2.1.1.5.2　type（类型）

"type"（类型）属性标识应使用的排序方法。S-100第8部分中提供了遍历类型的代码列表。在S-102中只能使用线性‖值，即采用"先行后列"方式遍历。

4.2.1.1.6　scanDirection（扫描方向）

"scanDirection"（扫描方向）的属性类型是"Sequence<CharacterString>"（序列字符串），该类是轴名称列表，指示格网点应被映射到要素属性值记录序列中相应位置的顺序。

4.3　要素目录

4.3.1　引言

S-102要素目录描述了产品中可能用到的要素类型、属性和属性值。

S-102要素目录以XML文档方式提供，该文档符合S-100 XML要素目录模式，可以从IHO网站下载。

4.3.2　要素类型

S-102是一种覆盖要素产品。"BathymetryCoverage"（测深覆盖）实现"S102_DepthCoverage"（水

深覆盖），包括"S102_BathymetryValues"（测深值）。

4.3.2.1 地理

"地理"（geo）要素类型构成数据集的主要内容，用相关属性进行完整定义。S-102 中，
"BathymetryCoverage"（测深覆盖）作为地理要素类型进行注册。

4.3.2.2 元

S-102 要素目录中没有元要素。

4.3.3 要素关系

S-102 不使用任何要素关系。

4.3.4 属性

4.3.4.1 简单属性

在 S-102 中，"depth"（水深）和"uncertainty"（不确定度）注册为简单属性，类型为"<real>"
（实型）。简单属性是在 IHO S-100 第 5-4.2.3.3 部分中定义的。

4.3.4.2 复杂属性

在 S-102 中，目前没有定义复杂属性。

4.4 数据集类型

4.4.1 引言

测深表面数据集表示为包含在规则格网中的离散点阵列。规则格网的通用结构是在 IHO S-100 第
8 部分中定义的。

4.4.2 规则格网

4.4.2.1 S-102 覆盖

"BathymetryCoverage"（测深覆盖）包含水深和（可选）不确定度。其通用结构在 IHO S-100 第
8 部分中定义为地理校正格网。

"BathymetryCoverage.01"（测深覆盖 .01）要素容器组定义格网的"原点"和"间距"。格网是
一个从西南端的数据点为起始、以行作为主序组织的二维矩阵。格网的第一个采样点是网格西南角的
节点，其位置由地理参考参数指定；第二个是该位置以东 1 个格网分辨率单位，同一北距或纬度；第
三个是该位置以东 2 个格网分辨率单位，在同一个北距或纬度。对于格网中的 C 列，格网中的第（C+1）
个采样点位于东向 1 个格网分辨率单位，但与格网中第一个采样点的北距或纬度相同。

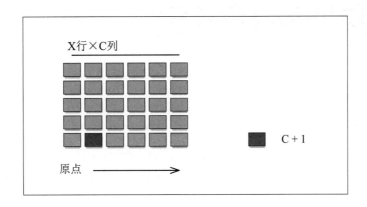

图4-5　S-102格网节点位置

水深和不确定度这两个值作为复合数据的成员存储在同一格网中。水深值的单位为米。垂直距离是从特定水位到底部的距离。干出高度（干出水深）用负的水深值表示。

表面的参考垂直基准是必选元数据之一。未知的水深设置为1,000,000.0（1.0e6）。

不确定度值在节点处表达为一个正值。如条款12.2所述，不确定度格网支持多种不同定义的垂直不确定度。这使格网的预期数据产品可以覆盖从原始的全分辨率格网到最终的编译产品。例如，最终测量数据处理阶段的格网应包含与测量数据本身密切相关的不确定度信息，并用于信息编制。S-102文件的接收者可以参考元数据中的不确定度定义，以了解如何计算不确定度。

未确定的不确定度状态定义为1,000,000.0（1.0e6）。

4.4.2.2　扩展

S-102目前没有定义扩展。

4.5　多数据集

为了便于高效处理S-102数据，特定"maximum display Scale"（最大显示比例尺）的地理覆盖范围可以分成多个数据集。

4.6　数据集规则

每个S-102数据集只能有一个范围，因为它是一个覆盖要素。

除了协定的相邻界限外，相同"maximum display scale"（最大显示比例尺）的"Data Coverage"（数据覆盖）要素不得重叠。在难以实现完美接幅的情况下，可使用生产机构商定的缓冲区。

4.7　几何

S-102规则格网覆盖是S100格网覆盖的一种实现（第8部分——影像和格网数据）。

5 坐标参照系 (CRS)

5.1 引言

S-102 测深表面产品的地理参考应基于节点，以格网中最西南的节点作为参考。格网中每个采样点表示格网中指定坐标点位置的值，而不是相对于坐标的任何区域的估值。元数据中包含的参考位置应采用坐标形式，并且应包含足够的精度以定位格网，其精度在相应水平基准的旋转椭球面上优于 1 分米。

表 5-1 中包含的坐标参照系信息以 S-100 中第 6 部分指定的方式定义。请注意，垂直基准是通过垂直参照系的第二个关联角色定义的。

5.2 水平坐标参照系

表 5-1　S-102 坐标参照系（EPSG 代码）

EPSG 代码	坐标参照系
4326	WGS84
32601–32660	WGS 84/ 墨卡托投影分带 1 ~ 60 N
32701 - 32760	WGS 84/ 墨卡托投影分带 1 ~ 60 S
5041	WGS 84/ 通用北极球面（E, N）
5042	WGS 84/ 通用南极球面（E, N）
EPSG 详情参考 www.epsg-registry.org.	

水平坐标参照系：	EPSG（见表 5-1）
投影：	无 / 墨卡托投影（UTM）/ 通用极球面投影（UPS）
时间参照系：	公历
坐标参照系注册表：	EPSG 大地测量参数注册表
日期类型（根据 ISO 19115）：	002-publication（出版物）
责任方：	国际油气生产者组织（OGP）
网址：	http://www.ogp.org.uk/

5.3 垂直坐标参照系

虽然本产品中没有直接的垂直坐标，但水深属性的值是间接的垂直坐标。因此，必须指定这些值所参照的垂直坐标参照系。垂直坐标参照系是基于地球重力的单轴坐标系。轴的方向为正向下。

垂直基准必须从"S100_VerticalAndSoundingDatum"（垂直和水深基准）定义代码表中选取。在根元素中定义为 HDF5 属性。

5.4 时间参照系

时间参照系采用公历日期和 UTC 时间。时间是根据 ISO 8601：2004 时间模式条款 5.4.4 参考的日历日期和时钟时间来衡量的。日期时间变量为 16 字符格式：yyyymmddThhmmssZ。

6 数据质量

数据质量允许用户和用户系统评估所使用数据的适用性。数据质量度量和相关评估报告作为数据产品的元数据。此元数据增强了与其他数据产品的互操作性，提供了该数据产品既定用途之外的其他用法。二级用户可以根据报告的数据质量度量来评估其应用中数据产品的可用性。

6.1 完整性

6.1.1 多余性

针对多余性（Commission）而言，S-102 测深格网具有高度完整性，因为海道测量部门发布方认为格网包含所有必要数据，且/或也考虑到了生产有效航海产品所需的必要条件。这些因素应被记录在元数据中。

6.1.2 遗漏性

针对遗漏性（Omission）而言，S-102 测深格网具有高度完整性，因为海道测量部门发布方注意到所有文件元数据相应字段中的重要差异（不符）或负面质量因素。

6.2 逻辑一致性

6.2.1 概念一致性

S-102 格网的概念一致性通过本规范和相关规范进行维护，这些规范在概念上与公认标准一致。

6.2.2 域一致性

S-102 格网的域一致性通过定义其主要用途（即航海安全）来维护。 S-102 包含的数据也可以用于其他科学/领域（次要用途）。达到主要用途所用到的所有处理方法完全是为了满足航海安全的考虑。

6.2.3 格式一致性

S-102 格网的格式一致性通过 S-100 规范定义的覆盖编码（HDF5）及数据所依据的其他 IHO 标准进行维护。

6.3 位置精度

6.3.1 时间测量精度

测深格网在时间方面仅限于垂直控制处理元素。这些方面在海道测量局采用的垂直控制处理的制定和应用过程中进行解决。这些处理方法的详细信息将包含在本产品规范第 12 节中定义的元数据的"Lineage"（数据志）部分中。

6.3.2 格网数据位置精度

格网位置精度由空间投影中用于指定位置的定位参照精度定义。这些定位参照包含在 S-102 格网的空间元数据内。测深格网内的节点具有绝对位置，没有水平误差，垂直值是海道测量部门根据创建 S-102 格网期间使用的步骤和程序来计算的。选择合适的原点参考点和位置分辨率非常重要，同时它也是格网位置精度的另一重要因素。

6.3.3 相对的内部位置精度

内部位置精度定义为 S-102 格网内每个节点的位置精度。格网中每个节点的位置由行和列组合生成。S-102 的元数据中定义了沿格网 X 轴和 Y 轴的格网分辨率。使用行 / 列和 X/Y 分辨率计算格网在空间投影内节点的绝对位置。在这种情况下，精度由定义这些分辨率时使用的精度控制。

6.4 时间精度

6.4.1 时间一致性

测深格网在时间方面仅限于垂直控制处理元素。这些方面在海道测量局采用的垂直控制处理的制定和应用过程中进行解决。这些处理方法的详细信息将包含在本产品规范第 12 节中定义的元数据的"Lineage"（数据志）部分中。

6.4.2 时间有效性

测深格网在时间方面仅限于垂直控制处理元素。这些方面在海道测量局采用的垂直控制处理的制定和应用过程中进行解决。这些处理方法的详细信息将包含在本产品规范第 12 节中定义的元数据的"Lineage"（数据志）部分中。

6.5 专题精度

6.5.1 专题分类正确性

S-102 测深格网分为两类数据值，即陆地和水域。使用格网时，获取分类改正有两个注意事项。一是根据海道测量部门选择的垂直基准，在 S-102 格网水深层中给出相应值。如果需要一个其他垂直基准的值，则需要应用一系列改正器。二是在考虑数据值时，在相应不确定度节点中存储的值也必须予以考虑。该不确定度值具有 +/- 值，并且在评估分类时必须应用改正。应用时生成的新值可能会导致分类发生变化。

6.5.2 非定量属性精度

S-102 测深数据的专题精度是完全定量的。

6.5.3 定量属性精度

根据 IHO S-100 第 4c 部分的定义，水深覆盖的数据质量也被定义为共存的覆盖，即不确定度。不确定度被定义为每个节点位置的垂直不确定度。不确定度覆盖支持多种不同定义的垂直不确定度。

见表 12-4。

7　数据采集和分类

　　"数据分类和编码指南（DCEG）"给出了如何使用 S-102 要素目录中的类型来采集描述现实世界的数据。该指南位于附录 A。

　　探测技术众多，如用于测定水深数据的 SONAR 和 LIDAR。允许（但不强制）将数据采集信息包含在 S-102 测深表面产品的元数据中。规范中已经定义了元数据类"S102_AcquisitionMetadata"（获取元数据），但是应该在 S-102 的国家专用标准中标识用于填写该元数据类的信息元素。

8 数据维护

8.1 维护和更新频率

以数据集为基础通过替换进行数据集维护。也就是说，整个数据产品和关联的元数据作为一个单元被替换。这与可以增量更新的矢量数据不同。但是，必须将覆盖数据视为一个单元。此外，每个替换数据集都必须有自己的数字签名。

8.2 数据来源

数据生产者必须使用适用的来源来维护和更新数据，并提供用于生产数据集的源数据的简要说明。

8.3 生产流程

数据生产者应遵循其既定的生产流程来维护和更新数据集。

9 图示表达

9.1 引言

本节介绍测深表面数据的显示规范,以支持船舶安全航行。以下图示表达选项旨在提高船员决策能力,同时考虑最简导航显示的需要。S-102 图示表达选项:

- 显示格网测深;
- 着色选项,以支持安全导航。

9.2 格网测深的生成与显示

大多数现代海道测量都采用了高分辨率多波束声呐系统。虽然这些系统提供了对海底地形的详细描述,但对存储和处理(即数据管理)带来挑战。一个典型的海道测量可以在 30 天的收集期内收集超过 100 亿的水深估值。

使用格网数据结构可简化海道测量员的数据管理,能够将收集到的所有水深估值安全地抽取到可管理数量的表示性节点深度,进而实现处理和生产。所有格网数据集都应经过严格的 QA/QC 程序,以确保最终的格网数据集准确地代表现实世界的环境。一旦数据集通过了现有的 QA/QC 过程,现代海图生产软件可从格网中提取候选节点深度,作为最终的海图水深。

附录 F 列出了 S-102 允许的格网化方法。

附录 H 提供了格网化过程示例,讨论了全分辨率原始测深、产品比例尺格网和海图水深之间的区别。

9.2.1 海图水深 / 等深线 vs 格网测深

海图上的水深信息通常显示为水深(depth soundings)、等深线(depth contours)和深度区(depth areas)。等深线用于连接特定水深基准下高程相同的水深点。

第四种水深来源——S-102 格网数据的引入,通过为船员提供海底的伪三维显示、太阳光照、连续图像等可视化和着色,增强了导航决策支持能力。这样做虽然有优点,但是生产者应该明白,与传统水深信息一起显示时,选择不正确的格网分辨率(即太粗糙或太精细)可能使整个导航解决方案复杂化。后文表 11-1 提供了每个制图比例尺的参考格网分辨率,以帮助正确选择最终格网分辨率。应注意的是,表 11-1 不包含强制性分辨率。由数据生产者自行确定"适当"分辨率。

9.2.2 使用太阳光照

S-102 数据可以显示为太阳光照或静态(平面)的数据集。太阳光照的显示需要设置太阳方位角和相应的高度。图 9-1 显示了太阳光照和静态(平面)表面之间的差异。

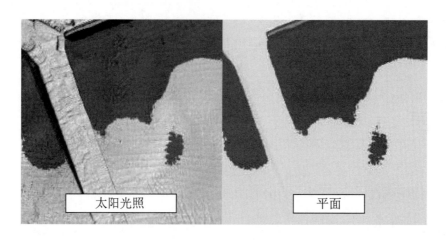

图9-1　太阳光照和静态（平面）阴影

表 9-1 提供了太阳方位角和高度角的参考值。

表 9-1　太阳方位角和高度角参考值

属性	值（单位：°）	
	太阳光照	平面
太阳方位角	315°	0.0°
太阳高度角	45°	0.0°

9.2.3　透明度

S-102 数据集透明度显示设置由表 9-2 定义。不透明度由 α 值表示。值"1"表示零透明度，值"0"表示 100% 透明度。

表 9-2　S-102 数据集的透明度值

ENC 显示设置	α
ENC 白昼	1.0
ENC 黄昏	0.4
ENC 夜间	0.2

9.3　导航区的生成和显示

通过对格网使用颜色方案和更高分辨率的深度分区，扩充了 S-102 数据集，从而提高了航海者渲染和显示的能力。

使用显示系统时，通过比较 S-102 数据集深度层与船员定义的船舶吃水或默认安全等深线，可描绘和显示导航等深区。深度区命名和着色（表 9-3、表 9-4、表 9-5 和图 9-2）可遵循 IHO S-52 第 6.1 版（.1）。

注释　表 9-3、表 9-4 和表 9-5 中列出的颜色参数属于 CIE x、y、L 坐标。

表 9-3　白昼模式下的深度区和颜色标记信息

深度区名称	说明	颜色	X	Y	L
DEPDW（深）	深于较深等深线	白	0.28	0.31	80
DEPMD（中深）	较深等深线和安全等深线之间	蓝	0.26	0.29	65
DEPMS（中浅）	安全等深线和浅水等深线之间	蓝	0.23	0.25	55
DEPVS（极浅）	浅水等深线和 0 米等深线之间	蓝	0.21	0.22	45
DEPIT（干出海滩）	潮间带	黄绿	0.26	0.36	35

表 9-4　黄昏的深度区和颜色标记信息

深度区名称	说明	颜色	X	Y	L
DEPDW（深）	深于较深等深线	白	0.28	0.31	00
DEPVS（浅）	浅于安全等深线	蓝	0.21	0.22	5.0
DEPIT（潮间带）	低潮时裸露的区域	黄绿	0.26	0.36	6.0

表 9-5　夜间的深度区和颜色标记信息

深度区名称	说明	颜色	X	Y	L
DEPDW（深）	深于较深等深线	白	0.28	0.31	00
DEPVS（浅）	浅于安全等深线	蓝	0.21	0.22	0.8
DEPIT（潮间带）	低潮时裸露的区域	黄绿	0.26	0.36	1.2

图9-2　S-52版本6.1(.1)白昼模式下的深度区着色

10 数据产品格式（编码）

10.1 引言

必须使用分层数据格式标准第 5 版（HDF5）对 S-102 数据集进行编码。

格式名称： HDF5

版本： 1.8

字符集： UTF-8

规范： https://www.hdfgroup.org

产品结构背后的关键理念是每个覆盖都是一个要素。这些要素中的每一个都与其他要素共存。因此，它们共享相同的空间元数据，每个要素都需要用来正确解释其他要素。

使用 HDF5 时，以下关键概念（S-100 第 10c 部分，条款 10c-5.1）非常重要：

- "File"（文件）——计算机存储中的连续字节串（内存，磁盘等），字节表示模型的零个或多个对象；
- "Group"（组）——对象（包括组）集合；
- "Dataset"（数据集）——具有属性和其他元数据的多维数据元素数组；
- "Dataspace"（数据空间）——多维数组维度的描述；
- "Datatype"（数据类型）——特定类数据元素的描述，包括其作为位模式的存储布局；
- "Attribute"（属性）——与"Group"（组）、"Dataset"（数据集）或命名"Datatype"（数据类型）关联的命名数据值；
- "Property List"（特性列表）——一个参数集合（一些是永久性的，一些临时性的）。

此外，数据集可以是复合的（由一组简单值类型组成的单个记录），并可以具有多个维度。

10.2 产品结构

数据产品的结构遵循"S-100 第 10C 部分 HDF5 数据模型和文件格式"中的规范内容。图 10-1 显示了面向多种 S-100 产品而设计的通用结构。

图 10-1 是 S-100 第 10c 部分 HDF 编码所规定的四个级别。以下是四个级别的进一步定义：

级别 1：顶层是"Root Group"（根组），包含"Root Metadata"（根元数据）和两个子组。"Root Metadata"适用于所有 S-100 类型的产品。

级别 2：下一级别包含"Feature Information Group"（要素信息组）和"Feature Container Group"（要素容器组）。"Feature Information Group"包含要素"BathymetryCoverage"（测深覆盖）和要素属性代码。"Feature Container Group"包含"Feature Metadata"（要素元数据）和一个或多个"Feature Instance Group"（要素实例组）。

级别 3：该级别包含"Feature Instance Group"（要素实例组）。要素实例是单个区域的测深格网数据。

级别 4：包含每个要素的实际数据。在 S-102 中，"BathymetryCoverage"（测深覆盖）用"ValuesGroup"（数值组）来定义内容，不使用该级别的其他组。

在下面的表 10-1 中，级别指的是 HDF5 结构。（参见 S-100 第 10c 部分，图 10c-9）。标题行下方每个框中的命名如下：通用名称；S-100 或 S-102 名称，如果没有，则为 []；（HDF5 类型）组、属性或属性列表或数据集。

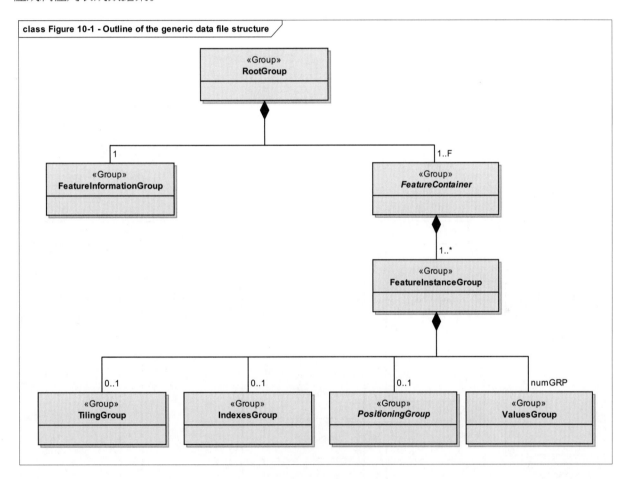

图10-1 通用数据文件结构概述

表 10-1 S-102 数据产品概述

级别 1 内容	级别 2 内容	级别 3 内容	级别 4 内容
General Metadata （metadata） （h5_attribute）			
Feature Codes Group_F （h5_group）	Feature Name BathymetryCoverage (h5_dataset)		

续表

级别 1 内容	级别 2 内容	级别 3 内容	级别 4 内容
	Feature Codes featureCode （h5_dataset）		
Feature Type BathymetryCoverage （h5_group）	Type Metadata （metadata） （h5_attribute）		
	Feature Instance BathymetryCoverage.01 （h5_group）	Instance Metadata （metadata） （h5_attribute）	
		First data group Group_001 （h5_group）	Group Metadata （metadata） （h5_attribute）
	X and Y Axis Names axisNames （h5_dataset）		Bathymetric Data Array values（h5_dataset）

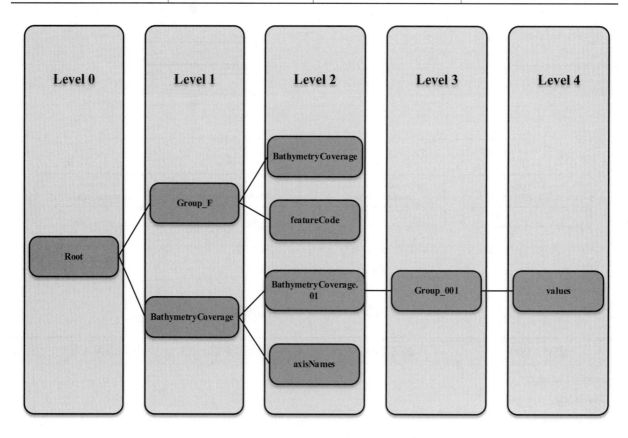

图10-2　S-102数据产品的层次结构

表 10-2 "Root group"（根组）属性

编号	名称（英文）	名称（中文）	驼峰式拼写	多重性	数据类型	备注
1	Product specification number and version	产品规格编号和版本	productSpecification（产品规范）	1	String	S-100 第 4.0.0 版表 10c-6 示例：INT.IHO.S-102.2.1
2	Time of data product issue	数据产品发布时间	issueTime（发布时间）	0..1	String (Time Format)	
3	Issue date	发布日期	issueDate（发布日期）	1	String (Time Format)	
4	Horizontal datum	水平基准	horizontalDatumReference（水平基准参照）	1	String	值：EPSG
5	Horizontal datum number	水平基准数	horizontalDatumValue（水平基准值）	1	Integer	第 5.2 节中水平 CRS 的标识符（EPSG 代码）（见注 *）
6	Epoch of realization	实现的纪元	epoch（纪元）	0..1	String	
7a	Bounding box	边界框	westBoundLongitude（西边经度）	1	Float	数值以十进制度数表示。如果数据集使用了投影 CRS，则这些值指的是投影 CRS 所依托的"baseCRS"（基础 CRS）的值（见注 **）
7b			eastBoundLongitude（东边经度）	1	Float	
7c			southBoundLatitude（南边纬度）	1	Float	
7d			northBoundLatitude（北边纬度）	1	Float	
9	Metadata	元数据	metadata（元数据）	1	String	元数据文件 MD_<HDF5 data file base name>.XML（或 .xml）的名称（根据第 4 版 S-100 第 10c-12 部分）
10	Vertical datum reference	垂直基准参照	verticalDatum（垂直基准）	1	Enumeration	

注 *："horizontalDatumValue"（水平基准值）的值规定了水平坐标参照系。撰写本文档时，S-100 尚未提供 HDF5 编码中该值的定义方案。

因此，该配置与 S-100 存在偏差。水平基准用该 CRS 进行隐式定义，因为每个水平 CRS 都由一个坐标系和一个基准组成。

注 **："baseCRS"（基础 CRS）是投影 CRS 所依据的大地测量 CRS。特别是，基础 CRS 的基准也用于派生 CRS（见 S-100 表 6-6）。

表 10-1 中的项详见下文。

10.2.1 要素代码（Group_F）

没有属性。

该组指定数据适用的 S-100 要素，包含两个部件：

（1）featureCode（要素代码）——数据集，带有数据产品中 S-100 要素对应的"featureCode"（要素代码）。对于 S-102，数据集只有"BathymetryCoverage"（测深覆盖）。

（2）BathymetryCoverage（测深覆盖）——详见"featureCode"（要素代码）表。此要素包含要素类的标准定义。

10.2.2 测深覆盖表（BathymetryCoverage Table），位于 Group_F 中

"BathymetryCoverage"（测深覆盖）是一组复合类型元素，其组成部分为表 10-3 中规定的 8 个组成部分。

表 10-3 二维"BathymetryCoverage"数组的示例内容

名称（英文）	名称（中文）	解释	S-100 属性 1	S-100 属性 2
code	代码	要素目录中属性的驼峰式拼写代码	depth（水深）	uncertainty（不确定度）
name	名称	要素目录中的长名称	depth（水深）	uncertainty（不确定度）
uom.name	度量单位 . 名称	单位（S-100 要素目录中的度量单位名称）	metres（米）	metres（米）
fillValue	填充值	填充值（整型、浮点型或字符串表示，用于缺省值）	1 000 000	1 000 000
datatype	数据类型	HDF5 数据类型，由"H5Tget_class()"函数返回	H5T_FLOAT	H5T_FLOAT
lower	下限	属性值的下界	-12 000	0
upper	上限	属性值的上界	12 000	12 000
closure	闭合	开放或闭合的数据区间。见 S-100 第 1 部分"S100_IntervalType"（S100_区间类型）	closedInterval（闭区间）	gtLeInterval（左半开区间）

根据 S-100 的 10c-9.5 节，"要素描述数据集中所有的数值都以字符串表示"，例如"-9 999.0"不是浮点值 -9 999.0。

虽然示例内容在两个属性列中显示，但实际上是"BathymetryCoverage"（测深覆盖）表中的行。也是单个 HDF5 复合类型，在表中表示单个 HDF5 元素。

所有单元均应为 HDF5 可变长度字符串。最小值和最大值在"下限"列和"上限"列中存储。可变长度字符串使得将来可以使用新的格式，如果有需要可进一步对这些值进行改正。

10.2.3 测深覆盖根节点（Root BathymetryCoverage）

表 10-4 "BathymetryCoverage"要素容器组的属性

编号	名称（英文）	名称（中文）	驼峰式拼写	多重性	数据类型	备注
1	Data organization index	数据组织索引	dataCodingFormat（数据编码格式）	1	Enumeration	值：2
2	Dimension	维度	dimension（维度）	1	Integer	值：2
3	Common point rule	公共点规则	commonPointRule（公共点规则）	1	Enumeration	值：1（平均值）或 S100 表 10c-19 中的其他值
4	Horizontal position uncertainty	水平位置不确定度	horizontalPositionUncertainty（水平位置不确定度）	1	Float	值：-1.0（如果未知或不可用）
5	Vertical position uncertainty	垂直位置不确定度	verticalUncertainty（垂直不确定度）	1	Float	值：-1.0（如果未知或不可用）
6	Number of feature instances	要素实例数	numInstances（实例数）	1	Integer	值：1
7a			sequencingRule.type（排序规则.类型）	1	Enumeration	值：1（线性）
7b	Sequencing rule	序列规则	sequencingRule.scanDirection（排序规则.扫描方向）	1	String	值：<axisNames entry>（逗号分隔）。例如，"latitude,longitude"。沿轴的反向扫描方向可通过在轴名称前加"-"符号表示。见条款 4.2.1.1.7"扫描方向"
8	Interpolation type	插值类型	interpolationType（插值类型）	1	Enumeration	S100 表 10c-21 中的代码值

10.2.4 要素实例组（BathymetryCoverage.01）

符合 S-100 第 4 版第 10c-9.7 部分和表 10c-12 要素实例组属性。

表 10-5　测深覆盖要素实例组属性

编号	名称（英文）	名称（中文）	驼峰式拼写	多重性	数据类型	备注
1a	Bounding box	边界框	westBoundLongitude（西边经度）	1	Float	坐标应参照先前定义的坐标参照系
1b			eastBoundLongitude（东边经度）	1	Float	
1c			southBoundLatitude（南边纬度）	1	Float	
1d			northBoundLatitude（北边纬度）	1	Float	
2	Number of groups	组数	numGRP（组数）	1	Integer	该实例组中数据值组的数量值：1
3	Longitude of grid origin	格网原点经度	gridOriginLongitude（格网原点经度）	1	Float	格网原点的经度或东距。单位：（与先前定义的坐标参照系相对应）
4	Latitude of grid origin	格网原点纬度	gridOriginLatitude（格网原点纬度）	1	Float	格网原点的纬度或北距。单位：（与先前定义的坐标参照系相对应）
5	Grid spacing, longitude	格网间隔，经度	gridSpacingLongitudinal（格网经度间隔）	1	Float	x 维的单元格大小
6	Grid spacing, latitude	格网间隔，纬度	gridSpacingLatitudinal（格网纬度间隔）	1	Float	y 维度的单元格大小
7	Number of points, longitude	点数，经度	numPointsLongitudinal（经度方向点的数量）	1	Integer	x 维度中的点数
8	Number of points, latitude	点数，纬度	numPointsLatitudinal（纬度方向点的数量）	1	Integer	y 维度中的点数
9	Start sequence	起始序列	startSequence（起始序列）	1	String	值序列中第一个值对应的格网点坐标。起始序列有效点的选择由序列规则决定。格式：n，n 示例："0,0"（不带引号）

"gridOriginLongitude"（格网原点经度）、"gridOriginLatitude"（格网原点纬度）、"gridSpacingLongitudinal"（格网经度间隔）和"gridSpacingLatitudinal"（格网纬度间隔）属性应与边界框使用相同的地理单位。请注意，这与 S100 不同，S100 表示应以弧度为单位。其效果是"gridOriginLongitude"（格网原点经度）和"gridOriginLatitude"（格网原点纬度）与"westBoundLongitude"（西边经度）和"southBoundLatitude"（南边纬度）相同。

"gridOriginLongitude"（格网原点经度）和"gridOriginLatitude"（格网原点纬度）是单元格的中心。

"numPointsLongitudinal"（经度方向点的数量）和"numPointsLatitudinal"（纬度方向点的数量）必须包含值表 x 维度和 y 维度中的单元格数。

10.2.5　数值组（Group_001）

此组包含以下属性。S-100 第 10c 部分未定义这些属性。它们是本产品规范的延伸。

表 10-6　数值组属性

编号	名称（英文）	名称（中文）	驼峰式拼写	多重性	数据类型	备注
1	minimum Depth	最小水深	minimumDepth（最小水深）	1	Float	值数据集中的最小水深值
2	maximum Depth	最大水深	maximumDepth（最大水深）	1	Float	值数据集中的最大水深值
3	minimum Uncertainty	最小不确定度	minimumUncertainty（最小不确定度）	1	Float	值数据集中的最小不确定度值。如果数据集中没有不确定度值，则该值必须为填充值
4	maximum Uncertainty	最大不确定度	maximumUncertainty（最大不确定度）	1	Float	值数据集中的最大不确定度值。如果数据集中没有不确定度值，则该值必须为填充值

该组包含一个名为"values"的 HDF5 数据集，该数据集包含测深格网数据。

10.2.6　数据集（values）

该数据集包含复合数据数组，该复合数据数组包含测深格网数据。这些部件解释如下：

对于测深格网数据，数据集包括一个包含了水深和不确定度数据的二维数组。这些维度由"numPointsLongitudinal"（经度方向的点数量）和"numPointsLatitudinal"（纬度方向的点数量）定义。通过获取格网原点和格网间隔，可以简单计算格网中每个点的位置。如果未使用不确定度数据，则必须使用"Group_F"（组）要素信息数据集中指定的填充值进行填充。

水深和不确定度值（水深和不确定度），存储在具有指定"numCOL"（列数）和"numROW"（行数）的二维数组中。因此，该格网被定义为规则格网 ["dataCodingFormat=2"（数据编码格式）]；水深和不确定度值针对格网中的每个离散点。数组值的数据类型是由两个成员组成的复合类型。

10.2.7　必选命名约定

以下组和属性名称在 S-100 中是必选的："Group_F"（组）、"featureCode"（要素代码）和（对于 S-102）"BathymetryCoverage"（测深覆盖）、"axisNames"（轴名称）、"BathymetryCoverage01"（测深覆盖 01）和"Group_nnn"（组）。

11 数据产品分发

11.1 引言

本节描述了如何将 S-102 数据从制图部门交付给航海人员。

分发单位：　　　交换集

传输大小：　　　见条款 11.2.2

媒介名称：　　　数字数据分发

其他分发信息：　每个数据集必须包含在传输媒介内物理独立、唯一标识的文件中。

　　　　　　　　每个交换集都有一个交换目录，其中包含每个数据集的发现元数据。

　　　　　　　　交换集通过编码映射被封装成一种适用于传输的形式。编码将交换集的每个元素转换成适合于写入媒体和在线传输的逻辑形式。除了交换集内容（媒介标识、数据范围等……）之外，编码还可以定义其他元素，如定义加密和压缩方法之类的商业构造。

　　　　　　　　如果数据在 S-102 中转换，则不得更改。本产品规范定义了各方相互数据传输必须采用的默认编码。

编码封装交换集元素如下：

强制性元素

- S-102 数据集——HDF 编码。
- 交换目录——交换集目录要素的 XML 编码表示 [发现元数据]。

可选性元素

- S-102 要素目录——如有必要向终端用户提供最新的要素目录，可以使用 S-102 数据集交换集机制完成。
- S-102 图示表达目录——如有必要向终端用户提供最新的图示表达目录，可以使用 S-102 数据集交换集机制完成。

11.2 数据集

11.2.1 数据集管理

可采用以下三种方式生产数据集文件或打包至交换集中：

- 新数据集：第一版。
- 新版数据集：包含新信息。新版的覆盖区域必须与旧版一致。
- 作废：数据集已作废，无法再显示或使用。

11.2.2 数据集大小

S-102 分发以一种形式进行：网络传输到平台（即互联网下载）。示例场景如下：

注释 在本节和其他节中使用 10 MB 仅应视为参考性信息。此外，任何与文件大小限制相关的计算值都应视为近似值。最终选择的文件大小或格网分辨率由数据生产者自行决定。

网络传输：为了最小化整体文件大小，海道测量组织生产一个 10 MB 的文件，用于向船舶进行无线传输。对于未压缩格式，文件包含大约 600×600 个节点。

表 11-1 给出了可用于特定制图比例尺下 S-102 数据编辑的通用信息。

附录 E 详细地讨论了 S-102 文件的物理大小。

11.2.2.1　S-102 格网分辨率和切片

表 11-1　海图比例尺下的格网分辨率和切片大小

比例尺	格网分辨率参考	切片大小 @10MB
NULL（仅允许在最大显示比例尺 =10 000 000 时，用于最小显示比例尺）		600×600 节点格网的近似线性距离，单位为海里（M）
1 : 10 000 000	900 米	291×291
1 : 3 500 000	900 米	291×291
1 : 1 500 000	450 米	145×145
1 : 700 000	210 米	68×68
1 : 350 000	105 米	34×34
1 : 180 000	54 米	17.5×17.5
1 : 90 000	27 米	8.7×8.7
1 : 45 000	13 米	4.2×4.2
1 : 22 000	6 米	1.9×1.9
1 : 12 000	3 米	1.0×1.0
1 : 8 000	2 米	0.6×0.6
1 : 4 000	1 米	0.3×0.3
1 : 3 000	1 米	0.3×0.3
1 : 2 000	1 米	0.3×0.3
1 : 1 000	1 米	0.3×0.3

11.2.3　数据集文件命名

数据集命名必须遵循标准模式，便于实现者更好地预判输入的数据集。S-102 数据集命名约定必须遵循以下这些规则。

102PPPPØØØØØØØØØØØØ.H5

- 102——前 3 个字符将数据集标识为 S-102 数据集（必选）。
- PPPP——第 4 到第 7 个字符用于识别发行机构的生产者代码（S-102 必选）。如果生产者代码源自 2 字符或 3 字符格式（例如转换 S-57 ENC 时），生产者代码的缺失字符必须按需在数据集文件名的第 6 个和第 7 个字符中填入相应零（"00" 或 "0"）。
- ØØØØØØØØØØØØ——第 8 ~ 19 个字符是可选的，并且生产者可以用任何方式使用它来提供唯一的文件名。数据集名称中允许使用以下字符：A ~ Z，0 ~ 9 和特殊字符 "_"（下划线）。
- H5——表示 HDF5 文件。

11.3 交换目录

交换目录充当交换集的内容目录。交换集的目录文件必须命名为 CATATLOG.XML。交换集中其他文件绝不可以命名为 CATATLOG.XML。交换目录的内容在条款 12 中描述。

11.4 数据完整性和加密

S-100 第 15 部分定义了基于 S-100 数据模型压缩、加密和数字签名数据集的算法。各个产品规范提供具体详细信息，包括使用哪些元素和应用于数据集中哪些文件。

11.4.1 压缩的使用

数据生产者决定是否在 S-102 产品文件（HDF5）上使用压缩。海道测量部门需针对数据是否压缩作出决定，生产商提供的所有 S-102 数据集要么都压缩，要么都不压缩。

本规范建议压缩所有数据集文件，例如 HDF5 文件。S-100 第 15 部分中定义的 ZIP 压缩方法必须应用于产品文件。

压缩信息的编码方法如下：

由于压缩信息在 "S-102_ExchangeCatalogue"（交换目录）中编码，因此隐式应用于交换集中的所有数据集文件。创建一个 HDF5 文件被压缩而其他文件未被压缩的交换集是不可能的。数据生产者生产一个 S-102 产品时，要求所有源数据为全部压缩或全部未压缩。在这种情况下，源数据的数字签名（即原始数据生产者）将被代理者（数据服务器）的数字签名替换。

11.4.2 数据保护的使用

建议加密所有数据集文件，例如 HDF5。应使用 S-100 第 15 部分中定义的加密方法。

11.4.3　数字签名的使用

数字签名应用于 S-102 交换集中的所有文件，以满足 IMO MSC.428（98）决议的要求，从而降低用户之间的网络安全风险，尤其是在海上导航系统中使用时。推荐的签名方法在 S-100 第 15 部分中定义。

对于交换集中包含的每个文件，数字签名信息在"S102_DatasetDiscoveryMetaData"（数据集发现元数据）或"S102_CatalogueMetadata"（目录元数据）记录中编码。

12 元数据

12.1 引言

测深表面产品中使用的元数据元素源自 S-100、ISO 19115 和 ISO 19115-2。作为可选方案，可以从 ISO 19130 和 ISO 19130-2 派生出附加元数据，尤其是 SONAR 设备相关的元数据，这些元数据可能已经用于测深数据采集过程。

ISO 19115 元数据标准中只有少数元素是必选的，这些元素仅涉及元数据中用于数据集的标识和谱系（pedigree）。所有应用都需要最低要求（级别）的数据识别，包括数据库应用程序、Web 服务和数据集生成。然而，S-102 需要某些元数据属性，这些属性用于对数据集进行地理定位以及建立数据谱系。

这些元素在元数据模式中相关，同时包括定义和扩展过程，包含必选元数据元素和条件必选元数据元素。只有少数元数据元素是必选的，但包含某些可选元数据元素会造成其他元数据元素成为条件必选。

表 12-1 简要介绍了描述地理信息数据集所需的核心元数据元素（必选和推荐可选）。如 ISO 19115 中所定义，代码表示如下"M"必需，"O"可选，"C"条件必选。表 12-1 对 S-102 中必选、可选和条件必选核心元数据的处理方式做了说明。

表 12-1　S-102 核心元数据元素的处理

数据集名称（M） S102_DS_DiscoveryMetadata > citation >CI_Citation.title 来自：（MD_Metadata.identificationInfo > MD_DataIdentification.citation > CI_Citation.title）	空间表示类型（O） S102_DS_DiscoveryMetadata > spatialRepresentationType：MD_DataIdentification.spatialRepresentationType 002–Grid（格网）；（规则格网覆盖） 来自：（MD_Metadata.identificationInfo > MD_DataIdentification.spatialRepresentationType）
数据集引用日期（M） S102_DS_DiscoveryMetadata > citation > CI_Citation.date 来自：（MD_Metadata.identificationInfo > MD_DataIdentification.citation > CI_Citation.date ）	参照系（O） S102_StructureMetadataBlock > hRefSystem 和 S102_StructureMetadataBlock > vRefSystem 来自：（MD_Metadata.referenceSystemInfo > MD_ReferenceSystem.referenceSystemIdentifier > RS_Identifier）
资源联系信息（O） S102_DS_DiscoveryMetadata > pointOfContact > CI_Responsiblity 来自：（MD_Metadata.identificationInfo > MD_DataIdentification.pointOfContact > CI_Responsiblity）	数据志（O） S102_QualityMetadataBlock > S102_LI_Source 和 S102_QualityMetadataBlock > S102_LI_ProcessStep 来自：（MD_Metadata.resourceLineage > >LI_Lineage）

数据集的地理位置（通过四个坐标或地理标识符）（C） S102_DS_DiscoveryMetadata > extent >EX_Extent 来自：（MD_Metadata.identificationInfo > MD_identification.extent > EX_Extent > EX_GeographicBoundingBox 或 EX_GeographicDescription）	在线资源链接（O） （MD_Metadata.distributionInfo > MD_Distribution > MD_DigitalTransferOption.onLine >CI_OnlineResource） 可选 - 不要求
数据集语言（M） S102_DS_DiscoveryMetadata > language 来自：（MD_Metadata.identificationInfo > MD_DataIdentification.language）	元数据文件父标识符（C） （MD_Metadata.parentMetadata > CI_Citation.identifier） 隐含在 S-102 产品规范中，引用 ISO 19115-1 作为规范性 参考
数据集字符集（C） 设置为默认 ="utf8"。[从 ISO 19115 设置为默认值时不 需要] 来自：（MD_Metadata.identificationInfo > MD_DataIdentification.defaultLocale > PT_Locale.characterEncoding）	元数据标准名称（O） （MD_Metadata.metadataStandard > CI_Citation.title） 隐含在 S-102 产品规范中，引用 ISO 19115-1 作为规范性 参考
数据集专题类别（M） S102_DS_DiscoveryMetadata > topicCategory： MD _TopicCategoryCode 006- elevation（高程）； 014-oceans（海洋）； 012-inlandWaters（内水）； 来自：（MD_Metadata.identificationInfo > MD_Identification.topicCategory）	元数据标准版本（O） （MD_Metadata.metadataStandardVersion） 隐含在 S-102 产品规范中，引用 ISO 19115-1 作为规范性 参考
数据集的空间分辨率（O） （MD_Metadata.identificationInfo > MD_DataIdentification.spatialResolution > MD_Resolution.equivalentScale 或 MD_Resolution.distance） 由于该数据集是一个格网，所以覆盖分辨率由覆盖格网 参数定义	元数据语言（C） （MD_Metadata. defaultLocale > PT_Locale.language） 语言设置为英语。此外，根据 ISO 19115-1 中的多语言处 理结构，可以使用其他语言
描述数据集的摘要（M） S102_DS_DiscoveryMetadata > abstract 来自：（MD_Metadata.identificationInfo > MD_DataIdentification.abstract）	元数据字符集（C） 设置为默认值 ="utf8"[根据 ISO 19115-1 设置为默认值 时不需要] 来自：（MD_Metadata. defaultLocale > PT_Locale.characterEncoding）

续表

分发格式（O） （MD_Metadata.distributionInfo > MD_Distribution > MD_Format） 可选 - 不适用 为了保持载体和内容的分离，内容模型不包含任何格式 信息，而是包含在传输或文件类型中	元数据信息责任方（M） S102_DS_DiscoveryMetadata > contact 来自：（MD_Metadata.contact > CI_Responsibility.CI_Individual 或 MD_Metadata.contact > CI_Responsibility.CI_Organisation）
数据集的时间范围信息（O） （MD_Metadata.identificationInfo > MD_Identification.extent > EX_Extent.temporalElement	与元数据关联的日期（M） S102_DS_DiscoveryMetadata > dateInfo 来自：（MD_Metadata.dateInfo > CI_Date）
数据集的垂直范围信息（O） MD_Metadata.identificationInfo > MD_DataIdentification.extent > EX_Extent.verticalElement > EX_VerticalExtent	提供元数据资源的范围 / 类型的名称（M） S102_DS_DiscoveryMetadata > resourceScope 来自：（MD_Metadata.metadataScope > MD_MetadataScope.resourceScope > MD_ScopeCode (codelist – ISO 19115-1)）

数据集元数据存储在根据 ISO 19115X 模式编码的独立文件中。元数据文件的名称为 MD_<HDF5 data file base name>.XML（或 .xml）（根据 S-100 第 4 版第 10c-12 部分），文件中的根元素是"S102_DSMetadataBlock"（元数据块），其中包含"S102_DS_DiscoveryMetadata"（发现元数据）、"S102_StructureMetadataBlock"（结构元数据块）和"S102_QualityMetadataBlock"（质量元数据块）。

12.2　发现元数据

元数据用于多种用途。一个很重要的用途是识别和发现数据。元数据需要识别每个数据集，以便可以将其与其他数据集区分开来，从而可以在数据目录中找到它，例如 Web 目录服务。发现元数据适用于"S102_DataSet"（数据集）级别。"S102_DiscoveryMetadataBlock"（发现元数据块）中的元数据，在"S102_DSMetadataBlock"（元数据块）中的单独元数据文件中编码。

图 12-1 是 S102_DiscoveryMetadataBlock。它有一个子类型"S102_DS_DiscoveryMetadata"（发现元数据）。实现了 ISO 19115 中的元数据类。已经开发了第一个实现类，这些类对应被引用的每个 ISO 19115 类，其中仅包含适用的属性。"S102_DS_DiscoveryMetadata"（发现元数据）类继承了 S-102 特定实现类的属性。此外，增加了一个附加部件"S102_DataIdentification"（数据标识）。

此模型为测深表面数据产品提供了最简的元数据。还可以包括来源于 ISO 19115 元数据标准中任何其他可选元数据元素。

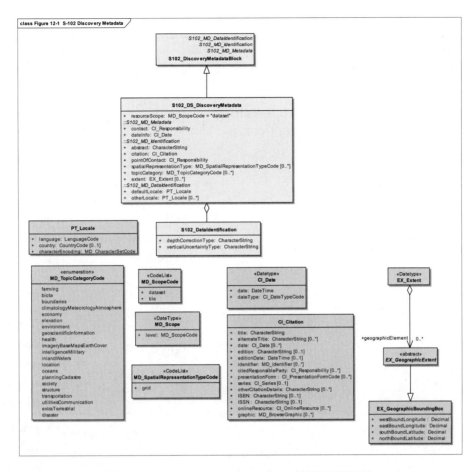

图12-1　S-102 DiscoveryMetadataBlock（发现元数据块）

表 12-2 提供了"S102_DiscoveryMetadataBlock"（发现元数据块）类属性每个属性的描述。

表 12-2　S102_DiscoveryMetadataBlock 类属性

角色名称	名称（英文）	名称（中文）	说明	多重性	类型	备注
类	S102_DiscoveryMetadataBlock	S102_发现元数据块	发现元数据容器类	—	—	
类	S102_DS_DiscoveryMetadata	S102_DS_发现元数据	与整个数据集相关的发现元数据容器类	—	—	
属性	resourceScope	资源范围		1	MD_ScopeCode	S102_DS_DiscoveryMetadata 的"数据集"
属性	abstract	摘要	资源内容的简要描述信息	1	CharacterString	
属性	citation	引用	资源的引用数据	1	CI_Citation	CI_Citation <<DataType>> 必需项为"Citation.title"（引用.标题）和"Citation.date"（引用.日期）

角色名称	名称（英文）	名称（中文）	说明	多重性	类型	备注
属性	pointOfContact	联系方	与该资源相关的个人和组织的标识以及联系方式	1	CI_Responsibility	见 S-100 第 4a 部分表 4a-2、表 4a-3 的必需项
属性	spatialRepresentationType	空间表示类型	地理信息空间表达方法	1	MD_SpatialRepresentation-TypeCode	MD_SpatialRepresentationTypCode <<CodeList>> 002–Grid（格网）；（适用于规则格网覆盖）001–Vector（矢量）；（未使用）
属性	topicCategory	专题类别	数据集的主要主题	1..*	MD_TopicCategoryCode	MD_TopicCategoryCode <<Enumeration>> 006- elevation（高程）014-oceans（海洋）012-inlandWaters（内水）
属性	extent	覆盖范围	数据集范围信息，边界框、边界多边形、垂直和时间范围	0..1	EX_Extent	EX_Extent <<DataType>> 如果存在该属性，必须填充四个边界框子属性，包括"westBoundLongitude"（西边经度）等
属性	contact	联系方式	负责元数据信息的一方	1	CI_Responsibility>CI_Organisation	见 S-100 第 4a 部分表 4a-2、表 4a-3 的必需项
属性	dateInfo	日期信息	元数据创建的日期	1	CI_Date (dateInfo.dateType = 'creation')	
属性	defaultLocale	默认区域	交换目录中使用的默认语言和字符集	1	PT_Locale (defaultLocale.language = ISO 639-2/T code)	从 ISO 639-2/T 语言列表中填充"language"，默认为"eng"（英语）。例如：设置为英语时，defaultLocale.language= "eng" 设置为法语时，defaultLocale.language= "fra"

续表

角色名称	名称（英文）	名称（中文）	说明	多重性	类型	备注
属性	otherLocale	其他区域	交换目录中使用的其他语言和字符集	0..*	PT_Locale (otherLocale.language = ISO 639-2/T code)	从 ISO 639-2/T 语言列表中填充 "language"。仅当数据集使用多种语言时才需要填充 "otherLocale"（其他区域）
类	S102_DataIdentification	S102_数据标识	"S102_DiscoveryMetadata" 的部件。在 ISO 19115 元数据之外的扩展	—	—	—
属性	depthCorrectionType	水深改正类型	声速改正类型的代码	1	CharacterString	参见表 12-3
属性	verticalUncertaintyType	垂直不确定度类型	不确定度定义方法的代码	1	CharacterString	参见表 12-4

类 "S102_DataIdentification"（数据标识）提供 ISO 19115 元数据的扩展。添加了 "verticalUncertaintyType"（垂直不确定度类型）属性，以准确描述不确定度覆盖的来源和含义。添加了 "depthCorrectionType"（水深改正类型），定义了是否以及如何改正水深（即真实深度或参考 1 500 米 / 秒等）。表 12-3 和表 12-4 给出了相关说明。

表 12-3 声速改正类型的代码

值	定义
SVP_Applied	测量并应用（真实深度）的声速场
1500_MS	假定使用声速 1 500 米 / 秒
1463_MS	假定使用声速 1 463 米 / 秒（相当于 4 800 英尺 / 秒）
NA	未进行声学测量
Carters	使用 Carter's Tables 改正
Unknow	

表 12-4 不确定度定义方法的代码

值	定义
Unknow	"Unknow" ——不确定度层是未知类型
Raw_Std_Dev	"Raw Standard Deviation" ——原始水深标准差
CUBE_Std_Dev	"CUBE Standard Deviation" ——CUBE 假设条件下获得的水深标准差（即不确定度的 CUBE 标准输出）
Product_Uncert	产品不确定性——两者中的较大者：1）用于深度值计算的水深标准差；2）按照高斯统计 95% 置信水平先验计算的不确定度估计（即模型总垂直不确定性）
Historical_Std_Dev	"Historical Standard Deviation" ——基于历史 / 存档数据的估计标准差

12.3 结构元数据

结构元数据用于描述集合实例的结构，包含切片模式的相关引用。由于不同的文件上可以具有不同的约束（例如，它们可以从不同的合法来源获取），同时安全约束也可能不同，因此约束信息成为结构元数据的一部分。其他结构元数据包括格网的表达方式和参照系。

图 12-2 显示了"S102_StructureMetadataBlock"（结构元数据块）。元数据块通过继承其他类的属性来生成，包括多个 ISO 19115 元数据类以及水平和垂直参照系的两个实现类。这使元数据块成为一个简单的表。

"S102_StructureMataDatablock"（结构元数据块）中的元数据编码在"S102_MetadataBlock"（元数据块）根元素下的单独元数据 xml 文件中。

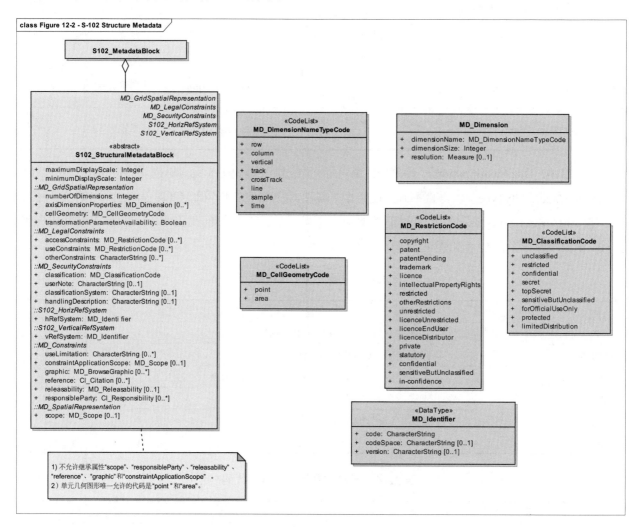

图12-2　S-102StructureMetadataBlock（结构元数据块）

表 12-5　S102_StructureMetadataBlock 类属性

角色名称	名称（英文）	名称（中文）	说明	多重性	类型	备注
类	S102_StructuralMetadataBlock	S102_结构元数据块	结构元数据容器类	—	—	
属性	maximumDisplayScale	最大显示比例尺	测深覆盖最大显示比例尺	1	Integer	
属性	minimumDisplayScale	最小显示比例尺	测深覆盖最小显示比例尺	1	Integer	
属性	numberOfDimensions	维数	独立空间/时间轴的数量	1	Integer	默认 =2 不允许其他值
属性	axisDimensionProperties	轴维度特性	空间—时间轴特性相关信息	1	MD_Dimension	MD_Dimension <<DataType>> dimensionName and dimensionSize
属性	cellGeometry	单元几何	格网数据标识，作为点或单元	1	MD_CellGeometryCode	
属性	transformationParameterAvailability	转换参数 A 可用性	指示是否存在（或可用）图像坐标与地理坐标或地图坐标之间的转换参数	1	Boolean	1= 是 0= 否 必选且必须为 1
属性	vRefSystem	垂直参照系	垂直参照系名称	1	MD_Identifier>code,codespace,version	必须是垂直参照系的标识符
属性	hRefSystem	水平参照系	水平参照系名称	1	MD_Identifier>code,codespace,version	必须是表 5-1–EPSG 代码中垂直参照系的标识符
属性	accessConstraints	访问约束	访问约束，用于确保隐私或知识产权的保护，以及对获取数据集的任何特殊限制或条件	0..*	MD_RestrictionCode	
属性	useConstraints	使用约束	约束，用于确保隐私或知识产权的保护，以及使用数据集的任何特殊限制、条件或警告	0..*	MD_RestrictionCode	

续表

角色名称	名称（英文）	名称（中文）	说明	多重性	类型	备注
属性	otherConstraints	其他约束	访问和使用数据集的其他限制和合法先决条件	0..*	CharacterString	
属性	classification	分类	数据集限制处理的名称	1	MD_ClassificationCode	
属性	userNote	用户注释	有关分类的补充信息	0-1	CharacterString	
属性	classificationSystem	分类系统	分类系统名称	0..1	CharacterString	
属性	handlingDescription	处理说明	数据集限制处理的附加信息	0..1	CharacterString	
类	MD_Dimension	MD_维度	轴特性	—	—	
属性	dimensionName	维度名称	轴名称	1	MD_DimensionTypeCode	默认为"row"和"column"。不允许其他值
属性	dimensionSize	维度大小	沿轴上的元素数量	1	Integer	
属性	resolution	分辨率	格网数据集具体分辨率	0..1	Measure	值＝数量

12.3.1 质量元数据

质量元数据用于描述集合实例中的数据质量。图 12-3 是"S102_QualityMetadataBlock"（质量元数据块）。"S102_QualityMetadataBlock"（质量元数据块）直接从 ISO 19115 类"DQ_DataQuality"（数据质量）派生。然而，其部件"S102_LI_Source"（源）和"S102_LI_ProcessStep"（处理步骤）通过继承 ISO 19115 类"LI_Scope"（范围）和"LI_ProcessStep"（处理步骤）的属性生成。仅实现了引用的 ISO 19115 类的一些属性。

"S102_QualityMetadataBlock"（质量元数据块）中的元数据编码在"S102_MetadataBlock"（元数据块）根元素下的单独元数据 xml 文件中。

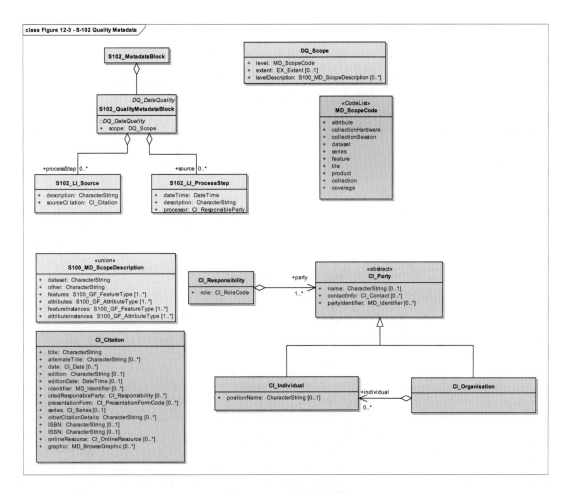

图12-3 S-102质量元数据

表 12-6 提供了"S102_QualityMetadataBlock"（质量元数据块）类属性及其部件相应每个属性的说明。

表 12-6 质量元数据块说明

角色名称	名称（英文）	名称（中文）	说明	多重性	类型	备注
类	S102_QualityMetadataBlock	S102_质量元数据块	质量元数据容器类	—	—	
属性	scope	范围	数据特征的范围，用于报告质量信息	1	DQ_Scope	
类	S102_LI_Source	S102_LI_源	"scope"所指定数据的相关源数据信息	—	—	
属性	description	说明	源数据等级的详细说明	1	CharacterString	
属性	sourceCitation	源引用	源数据的推荐参考	1	CI_Citation	必需项为"Citation.title"（引用.标题）和"Citation.date"（引用.日期）

49

续表

角色名称	名称（英文）	名称（中文）	说明	多重性	类型	备注
类	S102_LI_ProcessStep	S102_LI_处理步骤	数据集生命周期中的事件或转换的相关信息，包括维护数据集的过程	—	—	
属性	dateTime	日期时间	处理步骤发生的日期和时间，或日期和时间范围	1	CharacterString	
属性	description	说明	事件的说明，包括相关参数或容差	1	CharacterString	
属性	processor	处理方	与处理步骤相关的人员和组织的标识以及联系方式	1	CI_Responsibility	见 S-100 第 4a 部分表 4a-2、表 4a-3 的必需项
类	DQ_Scope	DQ_范围	质量元数据容器类	—	—	
属性	level	级别	"scope" 所指定数据的层次级别	0..*	MD_ScopeCode <<CodeList>>	"dataset" 或 "tile"
属性	extent	覆盖范围	"scope" 所指定数据的水平、垂直和时间范围的信息	0..*	EX_Extent <<DataType>>	仅在数据范围与为集合 / 瓦片指定的 "EX_Extent" 不同时使用
属性	levelDescription	级别说明	"scope" 所指定数据的详细级别说明	1	MD_ScopeDescription <<Union>>	

12.3.2 获取元数据

各国正在开发测深表面产品规范专用标准的获取元数据。这些类源自 ISO 19115、19115-2、19130 和 19130-2。后面的文档 19130-2 包含 SONAR 参数的描述。

12.4 交换集元数据

信息交换需要两类元数据：关于整个交换目录的元数据；关于目录中每个数据集的元数据。

图 12-4、图 12-5、图 12-6 和图 12-7 对交换地理空间数据及其相关元数据的 S-102 交换集所用的总体概念做了简要介绍。图 12-4 描述了构成交换集基础的 ISO 19139 类实现。交换集的 S-102 元数据总体结构在图 12-5 和图 12-6 中建模。各类的详细信息见图 12-7，文本描述见表 12-7 至表 12-21。

发现元数据类具有多个属性，通过这些属性，可以在不需要处理数据的情况下对有关数据集的重要信息进行检查，例如，解密、解压、加载等。其他目录可以包含在交换集中，用以支持数据集，如要素和图示表达。

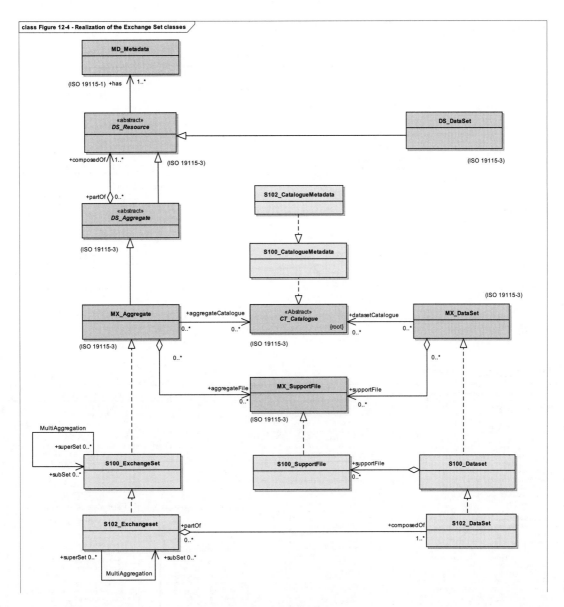

图12-4 交换集类的实现

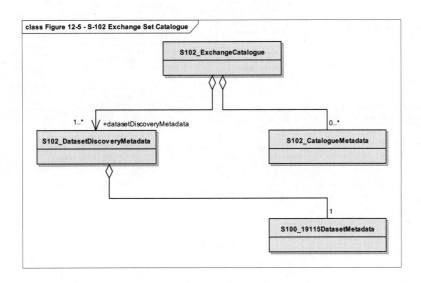

图12-5 S-102交换集目录

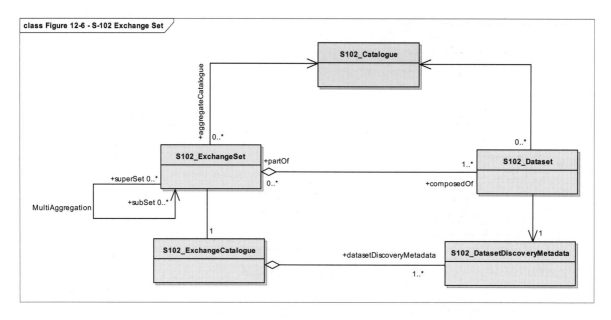

图12-6 S-102交换集

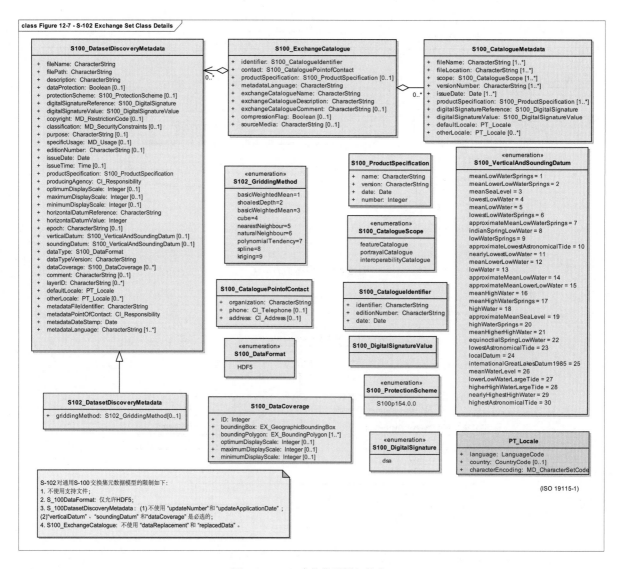

图12-7 S-102交换集类详细信息

以下条款定义了 S-102 所需的必选和可选元数据。在某些情况下，元数据可以用本国语言重写。如果是这种情况，请在备注栏中注明。

S-102 交换目录的 XML 模式将可在 IHO GI 注册系统和 / 或 S-100 GitHub 网址（https://github.com/ IHO-S100WG）找到。

12.5　语言

交换语言必须是英语。

必须使用 ISO 10646-1 中定义的字符集［Unicode Transformation Format-8（UTF-8）］对字符串进行编码。不得使用 BOM（字节顺序标记）。

12.6　S102_ExchangeCatalogue（交换目录）

每个交换集都有一个"S100_ExchangeCatalogue"（交换目录），其中包含交换集中数据和支持文件的元信息。

"S102_ExchangeCatalogue"（交换目录）类是根据"S100_ExchangeCatalogue"（交换目录）实现的，未做修改。S-102 对表 12-7 中所述的某些属性和角色进行了限制。"S102_ExchangeCatalogue"（交换目录）是一个容器，在 UML 图中替换了相应的"S100_ExchangeCatalogue"（交换目录）类。这是必需的，因为 S-102 扩展了 S-100 发现元数据。

表 12-7　S102_ExchangeCatalogue（交换目录）参数

角色名称	名称（英文）	名称（中文）	说明	多重性	类型	备注
类	S100_ExchangeCatalogue	S100_交换目录	交换目录包含有关交换数据集和支持文件的发现元数据	—	—	S-100 可选属性"replacedData"（替换数据）和"dataReplacement"（数据替换）不适用于 S102 由于 S-102 不使用支持文件，不允许使用支持文件发现元数据
属性	identifier	标识符	该交换目录的唯一标识	1	S100_CatalogueIdentifier	
属性	contact	联系	此交换目录发行者的详细信息	1	S100_CataloguePointOfContact	

角色 名称	名称（英文）	名称 （中文）	说明	多重 性	类型	备注
属性	productSpecification	产品规范	用于交换目录中数据集产品规范的详细信息	0..1	S100_ProductSpecification	对使用相同产品规范的所有数据集是条件必选的
属性	metadataLanguage	元数据语言	语言的详细信息	1	CharacterString	
属性	exchangeCatalogueName	交换目录名称	目录文件名	1	CharacterString	S-102 为 CATLOG.XML
属性	exchangeCatalogueDescription	交换目录说明	交换目录内容的说明	1	CharacterString	
属性	exchangeCatalogueComment	交换目录备注	任何其他信息	0..1	CharacterString	
属性	compressionFlag	压缩标志	数据是否已压缩	0..1	Boolean	是或否
属性	sourceMedia	源媒介	分发媒介	0..1	CharacterString	
属性	replacedData	是否替换数据	如果数据文件被作废，是否替换为其他数据	0..1	Boolean	
属性	dataReplacement	替换数据	单元名称	0..1	CharacterString	
角色	datasetDiscoveryMetadata	数据集发现元数据	交换目录可以包括或引用交换集中数据集的发现元数据	0..*	Aggregation S100_ DatasetDiscoveryMetadata	
角色	--	--	目录的元数据	0..*	Aggregation S100_CatalogueMetadata	要素、图示表达和互操作性目录的元数据（如有）

12.6.1 S100_CatalogueIdentifier（目录标识符）

S-102 使用"S100_CatalogueIdentifier"（目录标识符），未做修改。

表 12-8 S100_CatalogueIdentifier（目录标识符）参数

角色名称	名称（英文）	名称（中文）	说明	多重性	类型	备注
类	S100_CatalogueIdentifier	S100_目录标识符	交换目录包含有关交换数据集和支持文件的发现元数据	—	—	—
属性	identifier	标识符	唯一标识此交换目录	1	CharacterString	
属性	editionNumber	版次号	此交换目录的版次号	1	CharacterString	
属性	date	日期	交换目录的创建日期	1	Date	

12.6.2 S100_CataloguePointofContact（目录联系方）

S-102 使用"S100_CataloguePointOfContact"（目录联系方），未做修改。

表 12-9 S100_CataloguePointOfContact（目录联系方）参数

角色名称	名称（英文）	名称（中文）	说明	多重性	类型	备注
类	S100_CataloguePointOfContact	S100_目录联系方	本交换目录发行人的联系信息	—	—	—
属性	organization	组织	分发此交换目录的组织	1	CharacterString	可能是个体生产商，增值经销商等
属性	phone	电话	组织的电话号码	0..1	CI_Telephone	
属性	address	地址	组织的地址	0..1	CI_Address	

12.7 S102_DatasetDiscoveryMetadata（数据集发现元数据）

S-102 数据集发现元数据是通用 S-100 元数据类"S100_DatasetDiscoveryMetadata"（数据集发现元数据）的扩展。S-102 添加了"griddingMethod"（格网化方法）属性，该属性描述了计算格网值的算法。S-102 也对表 12-10 中所述的某些属性和角色做了限制。

表 12-10　S102_DatasetDiscoveryMetadata（数据集发现元数据）参数

角色名称	名称（英文）	名称（中文）	说明	多重性	类型	备注
类	S102_DatasetDiscoveryMetadata	S102_数据集发现元数据	S-102 交换集中各数据集的元数据	—	—	"S100_DatasetDiscoveryMetadata" 的扩展
属性	griddingMethod	格网化方法	用于计算格网值的算法	0..1	S102_GriddingMethod	1. basicWeightedMean（基本加权平均） 2. shoalestDepth（最浅水深） 3. tpuWeightedMeant（总传播不确定度加权平均） 4. cube（联合不确定度和测深估计） 5. nearestNeighbour（最近邻） 6. naturalNeighbour（自然邻近） 7. polynomialTendency（多项式趋势） 8. spline（样条） 9. kriging（克里金）
类	S100_DatasetDiscoveryMetadata	S100_数据集发现元数据	交换目录中单个数据集的元数据	—	—	可选的 S-100 属性"更新应用编号"（updateApplicationNumber）和"更新应用日期"（updateApplicationDate）在 S-102 中未使用 不允许引用支持文件的发现元数据，因为 S-102 不使用支持文件 对于在 S-102 中更改为必选的 S-100 可选属性，在备注栏说明

56

角色名称	名称（英文）	名称（中文）	说明	多重性	类型	备注
属性	fileName	文件名	数据集文件名	1	CharacterString	根据条款 11.2.3 定义格式的数据集文件名
属性	filePath	文件路径	交换集根目录下的完整路径	1	CharacterString	相对于交换集根目录的路径。交换集解压缩目录 <EXCH_ROOT> 后的文件位置为：<EXCH_ROOT>/<filePath>/<filename>
属性	description	说明	该数据集覆盖的区域或地点的简要说明	1	CharacterString	例如港湾名称、港口名称或者两者之间的命名位置
属性	dataProtection	数据保护	指示数据是否已加密	1	Boolean	真或假
属性	protectionScheme	保护模式	用于数据保护的规范或方法	0..1	S100_ProtectionScheme	在 S-100 版本 4.0.0 中，唯一允许的值为 "S100p154.0.0"
属性	digitalSignature	数字签名	文件的数字签名	1	S100_DigitalSignature	指定计算数字签名值所用的算法。在 S-100 版本 4.0.0 中，唯一允许的值为 "dsa"
属性	digitalSignatureValue	数字签名值	数字签名的派生值	1	S100_DigitalSignatureValue	根据 digitalSignatureReference 得出的值按照第 15 部分中规定的数字签名格式
属性	copyright	版权	指示数据集是否受版权保护	0..1	MD_LegalConstraints ->MD_RestrictionCode <copyright> (ISO 19115-1)	

续表

角色名称	名称（英文）	名称（中文）	说明	多重性	类型	备注
属性	classification	密级	指示此数据集的安全分类	0..1	Class MD_SecurityConstraints>MD_ClassificationCode (codelist)	1. Unclassified （非保密） 2. Restricted （受限） 3. Confidential （保密） 4. secret （机密） 5. top secret （绝密） 6. sensitive but unclassified （敏感但非保密） 7. for official use only （仅限官方使用） 8. protected （受保护） 9. limited distribution （限制发行）
属性	purpose	用途	发布此数据集的用途	1	Class MD_Identification>purpose	比如，新数据集、再版、新版、更新和作废，等等
属性	specificUsage	具体用途	该数据集的用途	1	MD_USAGE>specificUsage (character string) MD_USAGE>userContactInfo (CI_Responsibility)	比如，对于 ENC 来说，其为导航用途分类
属性	editionNumber	版次号	该数据集版次号	1	CharacterString	首次创建数据集时，版次号记为 1。每发布一个新版次、版次号都增加 1。再版时版次号保持一致

角色名称	名称（英文）	名称（中文）	说明	多重性	类型	备注
属性	issueDate	发布日期	生产者使用数据可用的日期	1	Date	
属性	issueTime	发布时间	生产者使用数据可用的时间	0..1	Time	S-100 数据类型时间
属性	productSpecification	产品规范	用于创建此数据集的产品规范	1	S100_ProductSpecification	
属性	producingAgency	生产机构	负责生产数据的机构	1	CI_Responsibility>CI_Organisation or CI_Responsibility>CI_Individual	见 S-100 第 4a 部分表 4a-2 和表 4a-3
属性	optimumDisplayScale	最佳显示比例尺	显示数据的最佳比例尺	0..1	Integer	示例：1:22000 编码为 22000
属性	maximumDisplayScale	最大显示比例尺	数据显示的最大比例尺	0..1	Integer	
属性	minimumDisplayScale	最小显示比例尺	数据显示的最小比例尺	0..1	Integer	
属性	horizontalDatumReference	水平基准参照	注册表的引用，据此获取水平基准值	1	CharacterString	例如，EPSG
属性	horizontalDatumValue	水平基准值	整个数据集的水平基准	1	Integer	例如，4326
属性	epoch	纪元	表示 CRS 使用的大地基准纪元的代码	0..1	CharacterString	例如，G1762 是 WGS84 大地基准 2013-10-16 的实现
属性	verticalDatum	垂直基准	整个数据集的垂直基准	1	S100_VerticalAndSoundingDatum	此可选的 S-100 属性在 S-102 中是必选的
属性	soundingDatum	水深基准	整个数据集的水深基准	1	S100_VerticalAndSoundingDatum	此可选的 S-100 属性在 S-102 中是必选的

续表

角色名称	名称（英文）	名称（中文）	说明	多重性	类型	备注
属性	dataType	数据类型	该数据集的编码格式	1	S100_DataFormat	唯一允许的值是 HDF5
属性	otherDataTypeDescription	其他数据类型说明	除列出的格式之外的编码格式	0..1	CharacterString	
属性	dataTypeVersion	数据类型版本	数据类型的版本号	1	CharacterString	
属性	dataCoverage	数据覆盖范围	提供有关数据集中数据覆盖范围的信息	1..*	S100_DataCoverage	此可选的 S-100 属性，在 S-102 中是必选的
属性	comment	备注	任何其他信息	0..1	CharacterString	
属性	layerID	图层 ID	标识其他层，使用或图示表达该数据集所需	0..*	CharacterString	例如，海洋保护区数据集需要 ENC 数据集才能按照 ECDIS 的要求进行图示表达 示例："S-101"相对测深数据集而言，测深数据集是 S-101 ENC 数据的叠加层
属性	defaultLocale	默认区域	交换目录中使用的缺省语种和字符集	1	PT_Locale	默认语言是英语，编码为 defaultLocale. language="eng"（英语）
属性	otherLocale	其他区域	交换目录中使用的其他语种和字符集	0..*	PT_Locale	
属性	metadataFileIdentifier	元数据文件标识符	元数据文件的标识符	1	CharacterString	例如，ISO 19115-3 元数据文件
属性	metadataPointOfContact	元数据联系方	元数据的联系方	1	CI_Responsibility>CI_Individual or CI_Responsibility>CI_Organisation	见 S-100 第 4a 部分表 4a-2 和表 4a-3
属性	metadataDateStamp	元数据日期戳	元数据的日期戳	1	Date	可以是发布日期，也可以不是
属性	metadataLanguage	元数据语言	提供元数据所使用的语言	1..*	CharacterString	

12.7.1　S100_DataCoverage（数据覆盖）

S-102 使用"S100_DataCoverage"（数据覆盖），未做修改。

表 12-11　S100_DataCoverage（数据覆盖）参数

角色名称	名称（英文）	名称（中文）	说明	多重性	类型	备注
类	S100_DataCoverage	S100_数据覆盖		—	—	—
属性	ID	ID	唯一识别该覆盖	1	Integer	—
属性	boundingBox	边界框	数据集界限的范围	1	EX_GeographicBoundingBox	—
属性	boundingPolygon	边界多边形	定义实际数据界限的多边形	1..*	EX_BoundingPolygon	—
属性	optimumDisplayScale	最佳显示比例尺	数据最佳显示的比例尺	0..1	Integer	示例：1∶25 000 的比例尺编码为 25 000
属性	maximumDisplayScale	最大显示比例尺	显示数据的最大比例尺	0..1	Integer	
属性	minimumDisplayScale	最小显示比例尺	显示数据的最小比例尺	0..1	Integer	

12.7.2　S100_DigitalSignature（数字签名）

S-102 使用"S100_DigitalSignature"（数字签名），未做修改。

表 12-12　S100_ DigitalSignature（数字签名）参数

角色名称	名称（英文）	名称（中文）	说明	代码	备注
枚举	S100_DigitalSignature	S100_数字签名	用于计算数字签名的算法	—	—
值	dsa	数字签名算法	Digital Signature Algorithm（数字签名算法）	—	FIPS 186-4（2013）。见 S-100 第 15 部分

12.7.3　S100_DigitalSignatureValue（数字签名值）

S-102 使用"S100_DigitalSignatureValue"（数字签名值），未做修改。

表 12-13   S100_DigitalSignatureValue（数字签名值）参数

角色名称	名称（英文）	名称（中文）	说明	多重性	类型	备注
类	S100_DigitalSignatureValue	S100_数字签名值	经签署公钥的数字签名	—	—	数字签名值的数据类型。见 S-100 第 15 部分

12.7.4   S100_VerticalAndSoundingDatum（垂直和水深基准）

S-102 使用"S100_VerticalAndSoundngDatum"（垂直和水深基准），未做修改。

表 12-14   S100_VerticalAndSoundngDatum（垂直和水深基准）参数

角色名称	名称（英文）	名称（中文）	说明	代码	类型	备注
枚举	S100_VerticalAndSoundingDatum	S100_垂直和水深基准	允许的垂直和水深基准	—		—
值	meanLowWaterSprings	平均大潮低潮面		1		（MLWS）
值	meanLowerLowWaterSprings	平均大潮低低潮面		2		
值	meanSeaLevel	平均海平面		3		（MSL）
值	lowestLowWater	最低低潮面		4		
值	meanLowWater	平均低潮面		5		（MLW）
值	lowestLowWaterSprings	最低大潮低潮面		6		
值	approximateMeanLowWaterSprings	近似平均大潮低潮面		7		
值	indianSpringLowWater	印度大潮低潮面		8		
值	lowWaterSprings	大潮低潮面		9		
值	approximateLowestAstronomicalTide	近似最低天文潮面		10		
值	nearlyLowestLowWater	略最低低潮面		11		
值	meanLowerLowWater	平均低低潮面		12		（MLLW）
值	lowWater	低潮面		13		（LW）
值	approximateMeanLowWater	近似平均低潮面		14		
值	approximateMeanLowerLowWater	近似平均低低潮面		15		
值	meanHighWater	平均高潮面		16		（MHW）
值	meanHighWaterSprings	平均大潮高潮面		17		（MHWS）
值	highWater	高潮面		18		（HW）
值	approximateMeanSeaLevel	近似平均海平面		19		

角色名称	名称（英文）	名称（中文）	说明	代码	类型	备注
值	highWaterSprings	大潮高潮面		20		
值	meanHigherHighWater	平均高高潮面		21		（MHHW）
值	equinoctialSpringLowWater	分点大潮低潮面		22		
值	lowestAstronomicalTide	最低天文潮面		23		（LAT）
值	localDatum	当地基准面		24		
值	internationalGreatLakesDatum1985	1985 年国际大湖基准面		25		
值	meanWaterLevel	平均水平面		26		
值	lowerLowWaterLargeTide	大潮低低潮面		27		
值	higherHighWaterLargeTide	大潮高高潮面		28		
值	nearlyHighestHighWater	略最高高潮面		29		
值	highestAstronomicalTide	最高天文潮面		30		（HAT）

注释　数字代码是 IHO GI 注册系统 IHO Hydro 域中属性"Vertical datum"（垂直基准）等效列举值的指定代码，因为注册系统目前（2022 年 5 月）不包含交换集元数据和数据集元数据属性的项。

12.7.5　S100_DataFormat（数据格式）

S-102 使用"S100_DataFormat"（数据格式），并对允许值施加限制，S-102 数据集仅允许使用 S-100 HDF5 格式。

表 12-15　S100_DataFormat（数据格式）参数

角色名称	名称（英文）	名称（中文）	说明	代码	类型	备注
枚举	S100_DataFormat	S100_ 数据格式	编码格式	—	—	S-102 中允许的唯一值是"HDF5"
值	HDF5	HDF5	S-100 第 10c 部分定义的 HDF5 数据格式			

12.7.6　S100_ProductSpecification（产品规范）

S-102 使用"S100_ProductSpecification"（产品规范），未做修改。产品规范属性必须在该版 S-102 中清晰编码。

表 12-16　S100_ProductSpecification（产品规范）参数

角色名称	名称（英文）	名称（中文）	说明	多重性	类型	备注
类	S100_ProductSpecification	S100_产品规范	产品规范包含构建指定产品所需的信息	—	—	—
属性	name	名称	用于创建数据集的产品规范的名称	1	CharacterString	
属性	version	版本	产品规范的版本号	1	CharacterString	
属性	date	日期	产品规范的版本日期	1	Date	
属性	number	编号	在 IHO GI 注册系统产品规范注册表中用于查找产品的编号（注册表索引）	1	Integer	来自 IHO 地理空间信息注册系统中的产品规范注册表

12.7.7　S100_ProtectionScheme（保护模式）

表 12-17　S100_ProtectionScheme（保护模式）参数

角色名称	名称（英文）	名称（中文）	说明	代码	类型	备注
枚举	S100_ProtectionScheme	S100_保护模式	数据保护模式	—	—	—
值	S100p154.0.0	S100p154.0.0	S-100 版本 4.0.0 第 15 部分	—	—	见 S-100 第 15 部分（注：指定值纠正了 S-100 版本 4.0.0 图 4a-D-4 与 S-100 第 4a-D 部分表 S100_ProtectionScheme 之间的差异）

12.7.8　S102_GriddingMethod（格网化方法）

表 12-18　S102_GriddingMethod（格网化方法）参数

角色名称	名称（英文）	名称（中文）	说明	代码	类型	备注
枚举	S102_GriddingMethod	S102_格网化方法	格网化方法	—	—	—
值	basicWeightedMean	基本加权平均	"Basic Weighted Mean"（基本加权平均），该算法计算每个格网节点的平均水深。给定影响范围内的水深估算值进行加权和平均，以计算最终节点值	1	—	

续表

角色名称	名称（英文）	名称（中文）	说明	代码	类型	备注
值	shoalestDepth	最浅水深	"Shoalest Depth"（最浅水深），该算法检查特定影响区域内的水深估值，将最浅水深值分配给节点位置。生成的表面代表给定区域中最浅的水深	2	—	
值	tpuWeightedMean	总传播不确定度加权平均	"Total Propagated Uncertainty (TPU) Weighted Mean"（总传播不确定度（TPU）加权平均），该算法利用每一个有贡献水深点估值的测深值和相关的总传播不确定度来计算每个节点处的加权平均值	3	—	当考虑了所有相关的误差/不确定度源时，TPU是对水深点估值预期精度的度量
值	cube	联合不确定度和测深估计	"Combined Uncertainty and Bathymetric Estimator"（联合不确定度和测深估计）或简称"CUBE"，该算法利用每一个贡献水深点估值的测深值和相关的总传播不确定度来计算感兴趣区域的一个或多个假设水深估值，所得到的假设结果作为每个节点处的统计代表水深信息	4	—	
值	nearestNeighbour	最近邻	"Nearest Neighbour"（最近邻），该算法识别目标区域内最近的水深值，将该值分配给节点位置。此方法不考虑相邻点的值	5	—	
值	naturalNeighbour	自然邻近	"Natural Neighbour"（自然邻近）插值，对目标区域内输入样本的子集进行识别和加权计算，对最终节点值进行插值	6	—	
值	polynomialTendency	多项式趋势	"Polynomial Tendency"（多项式趋势），该算法试图将多项式趋势面或最佳拟合曲面拟合到一组输入数据点。这种方法可以将趋势面投影到基本没有数据的区域中，但是当数据集中没有明显的趋势时效果不佳	7	—	

续表

角色名称	名称（英文）	名称（中文）	说明	代码	类型	备注
值	spline	样条	"Spline"（样条），该算法使用数学函数估计节点水深，以最小化整体曲面曲率。最终的"平滑"曲面准确穿过输入的水深估值	8	—	
值	kriging	克里金	"Kriging（克里金）"，该算法是一种地理统计插值方法，可从具有已知水深的一组离散点生成估计曲面	9	—	

12.8 S102_CatalogueMetadata（目录元数据）

类"S102_CatalogueMetadata"（目录元数据）从"S100_CatalogueMetadata"（目录元数据）实现，未做修改。定义 S-102 类是为了在交换集结构 S-102 UML 图中充当对应的 S-100 普通类。

表 12-19 S102_CatalogueMetadata（目录元数据）参数

角色名称	名称（英文）	名称（中文）	说明	多重性	类型	备注
类	S102_CatalogueMetadata	S102_目录元数据	S-102 目录元数据的类	—	—	—
属性	filename	文件名	目录的名称	1..*	CharacterString	
属性	fileLocation	文件位置	交换集根目录的完整位置	1..*	CharacterString	相对于交换集根目录的路径。将交换集解压缩到目录 <EXCH_ROOT> 后的文件位置将是 <EXCH_ROOT>/<filePath>/<filename>
属性	scope	范围	目录的主题域	1..*	S100_CatalogueScope	
属性	versionNumber	版本号	产品规范的版本号	1..*	CharacterString	
属性	issueDate	发布日期	产品规范的版本日期	1..*	Date	
属性	productSpecification	产品规范	用于创建此文件的产品规范	1..*	S100_ProductSpecification	
属性	digitalSignatureReference	数字签名参照	文件的数字签名	1	S100_DigitalSignature	引用适当的数字签名算法

角色名称	名称（英文）	名称（中文）	说明	多重性	类型	备注
属性	digitalSignatureValue	数字签名值	数字签名的派生值	1	S100_DigitalSignatureValue	根据 digitalSignatureReference 得出的值 按照第 15 部分中规定的数字签名格式
属性	defaultLocale	默认区域	交换目录中使用的默认语言和字符集	1	PT_Locale	
属性	otherLocale	其他区域	交换目录中使用的其他语言和字符集	0..*	PT_Locale	

12.8.1　S100_CatalogueScope（目录范围）

S-102 使用"S100_CatalogueScope"（目录范围），未做修改。

表 12-20　S100_CatalogueScope（目录范围）参数

角色名称	名称（英文）	名称（中文）	说明	代码	类型	备注
枚举	S100_CatalogueScope	S100_目录范围	目录的范围	—	—	—
值	featureCatalogue	要素目录	S-100 要素目录			
值	portrayalCatalogue	图示表达目录	S-100 图示表达目录			
值	interoperabilityCatalogue	互操作性目录	S-100 互操作性信息			

12.8.2　PT_Locale（区域）

表 12-21　PT_Locale（区域）参数

角色名称	名称（英文）	名称（中文）	说明	多重性	类型	备注
类	PT_Locale	PT_区域	区域的说明	—	—	来自 ISO 19115-1
属性	language	语言	指定区域的语言	1	LanguageCode	ISO 639-2 3-字母语言代码
属性	country	国家	指定区域语言的具体国家	0..1	CountryCode	ISO 3166-2 2-字母国家代码

续表

角色名称	名称（英文）	名称（中文）	说明	多重性	类型	备注
属性	characterEncoding	字符编码	指定用于对区域文本值进行编码的字符集	1	MD_CharacterSetCode	使用来自于 IANA 字符集注册表的（"Name"）：http://www.iana.org/assignments/character-sets.（ISO 19115-1 B.3.14）例如，UTF-8

类"PT_Locale"（区域）详见 ISO 19115-1。"LanguageCode"（语言代码）、"CountryCode"（国家代码）和"MD_CharacterSetCode"是 ISO 代码表，应在资源文件中定义并编码为（字符串）代码，或由"备注"所列命名空间中的相应文字表示。

附录 A　数据分类和编码指南

A-1　要素

BathymetryCoverage（测深覆盖）

表 A-1　BathymetryCoverage（测深覆盖）要素参数

测深覆盖（Bathymetry Coverage）：IHO 定义：BathymetryCoverage（测深覆盖）。水深计算及其相关不确定度的数据集所需的一组值

几何单形：S-100_Grid_Coverage

属性（英文）属性（中文）	允许编码值	类型	多重性
depth 水深	必须是十进制米，精度不超过 0.01 米	real	1
uncertainty 不确定度	必须是十进制米，精度不超过 0.01 米	real	1

A-2　要素属性

BathymetryCoverage（测深覆盖）

表 A-2　BathymetryCoverage（测深覆盖）要素属性参数

水深（depth）：IHO 定义：DEPTH（水深）。从指定水平面到底部的垂直距离 [IHO S-32]

单位：米

精确到：0.01

备注：
- 干出高度（干出水深）用负值表示

不确定度（uncertainty）：IHO 定义：UNCERTAINTY（不确定度）。在特定置信水平下，测量真实值会落入（给定值）区间内 [IHO S44]。

单位：米

精确到：0.01

备注：
- 表示 +/- 值，定义了相关深度的可能范围
- 表示为正数

附录 B 规范性实现指南

规范性实现指南将在未来版本的 S-102 中发布。

附录 C　要素目录

S-102 要素目录信息包含在一份独立的文档中：S-102FC_Ed2.1.0.docx。

附录 D 图示表达目录

正在开发中。

附录 E　S-102 数据集大小和生产

E-1　头记录

S-102 文件包含两个头部分。第一部分至少包含 S-100 规范第 4 部分中定义的必选元数据元素。第二部分至少包含 S-102 规范第 12 节中定义的必选元数据元素。生产者可以根据其流程 / 标准要求添加可选元数据。

鉴于这些元数据属性的内容在生产者间会有所不同，因此无法定义文件头的最终大小。整个 S-102 文件头的估计最大为 3 MB。这个估值是基于 S-100/S-102 中必选元数据的预期编码、可选元数据元素的使用以及这些元素的预期详细程度。

E-2　数据记录 / 节点

"BathymetryCoverage"（测深覆盖），定义为包含测深数据的二维节点数组。该数组中的每个节点包含两个数据值（"depth"和"uncertainty"）。两个值都存储为 4 字节浮点。因此，每个节点的总大小为 8 个字节。

E-3　文件估计

表 E-1 用于估算给定 S-102 文件的可能记录数。该估算方法基于文件大小约束和前述估值。向上取整到最接近的整百，该估算方法使得我们可以判断得出，不超过 600×600 的文件将保持在 10 MB 以下。图 E-1 描述了 10 MB 的最大格网大小。

表 E-1　10 MB 文件大小（未压缩数据集）的计算

BathymetryCoverage					
记录					
名称	类型	大小			
depth（水深）	浮点	4			
uncertainty（不确定度）	浮点	4			
	总大小	8			

大小（字节）		
KB	MB	GB
1 024	1 048 576	1 073 741 824

文件选项	
最大大小选项（MB）	10
头大小（MB）	3
"BathymetryCoverage" 大小	
"BathymetryCoverage" 大小（MB）	7
"BathymetryCoverage" 记录总数	366 902
矩形维度（BathymetryCoverage）	606

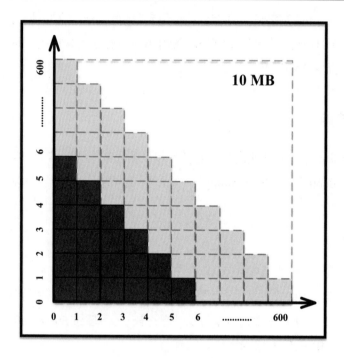

图E-1 10 MB未压缩数据集的格网范围（资料性）

附录 F　S-102 格网化方法

- "Basic Weighted Mean"（基本加权平均），该算法计算每个格网节点的平均水深。在给定影响区域内加权和平均水深估值，计算最终节点值。

- "Shoalest Depth"（最浅水深），该算法检查特定影响区域内的水深估值，将最浅水深值分配给节点位置。生成的表面代表给定区域中最浅的水深。

- "Total Propagated Uncertainty (TPU) Weighted Mean"（总传播不确定度（TPU）加权平均），该算法利用每一个有贡献水深点估值的测深值和相关的总传播不确定度来计算每个节点处的加权平均值。

- 注：当考虑了所有相关的误差 / 不确定度源时，TPU 是对水深估值预期精度的度量。

- "Combined Uncertainty and Bathymetric Estimator，CUBE"（联合不确定度和测深估计），该算法利用每一个贡献水深点估值的测深值和相关的总传播不确定度来计算感兴趣区域的一个或多个假设水深估值，所得到的假设结果作为每个节点处的统计代表水深信息。

- "Nearest Neighbour"（最近邻），该算法识别目标区域内最近的水深值，将该值分配给节点位置。此方法不考虑相邻点的值。

- "Natural Neighbour"（自然邻近），该算法对目标区域内输入样本的子集进行识别和加权计算，对最终节点值进行插值。

- "Polynomial Tendency"（多项式趋势），该算法试图将多项式趋势面或最佳拟合曲面拟合到一组输入数据点。这种方法可以将趋势面投影到基本没有数据的区域中，但是当数据集中没有明显的趋势时效果不佳。

- "Spline"（样条），该算法使用最小化整体表面曲率的数学函数来估计节点水深，最终生成的平滑表面经过输入的水深估值。

- "Kriging"（克里金），该算法是一种地理统计插值方法，可从具有已知水深的一组离散点生成估计曲面。

附录 G　多分辨率格网化

预计在 S-102 下一版本开发。

附录 H 格网化全分辨率原始测深及其与海图水深之间的关系

H-1 现代高分辨率海道测量多波束声呐

如条款 9 所述，现代海道测量大多使用高分辨率多波束声呐系统进行。这些系统具有很好的目标检测能力，可以生成高度详细的海底图像。但我们必须认识到，这种功能是有代价的。这些系统收集大量信息，而这些信息需要足够的处理能力和数据存储，以便将大量的水深估值减少到可管理的数量来生成海图。以下示例描述了一种高分辨率多波束声呐数据的格网化方法。此示例还显示了产品尺度的格网与实际海图水深之间的关系。

H-1.1 采集场景示例

"Environmental Characteristics"（环境特征）相对平坦的海底
平均水深：20 米

海图制图参数
目标制图比例尺：1 : 22 000

测量计划
测量时长：30 天
每日采集时长：每天 12 小时
采集速度：8 节

声呐特征
声呐频率：400 千赫
波束宽度：$0.5° \times 0.5°$
条带波束数：每 Ping（1 次扫描）400 个水深点
条带覆盖范围：5 倍水深
声呐最大 Ping 速率：20 赫兹

H-2 测量指标

H-2.1 Ping 速率和水深估计数

在 20 米水深处，该系统每次 Ping 会获得 400 个独立水深估值。如果按照 20 赫兹的最大 Ping 速率，则声呐每秒能够收集 8 000 个水深估值。

每 Ping 采集 400 个水深估值，乘以 20 赫兹，等于 8000 个水深估值 / 秒。

- 或者 -

每小时 2880 万个水深估值。

每天的水深估值数量为 3.456 亿。

测量结束时，水深估值有 104 亿个。

H-2.2　声呐脚印

声呐脚印是水深（20 米）和波束角（0.5°×0.5°）的函数。底点（nadir）的脚印计算方法如下：

脚印 @Nadir = 2 × [（水深）×（TanØ/2）]，其中 Ø = 波束宽度

脚印 = 2 × [（20 米）×（Tan .25）] = 0.17 米

由于这是一个 0.5°×0.5° 的系统，底点的总脚印为：0.17 米 × 0.17 米

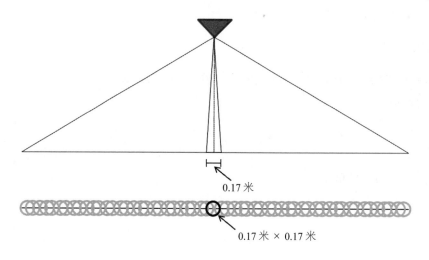

0.17 米

0.17 米 × 0.17 米

图H-1　底点的声呐脚印

H-2.3　声呐覆盖范围

多波束声呐的一个好处是能够利用每 Ping 采集一系列水深估值。示例声呐将条带覆盖范围列为 5 倍水深。在 20 米深的水中，该系统每 Ping 的范围是 100 米。这使得整个测线上有 100 米的条带（距离左舷和右舷 50 米）。如图 H-2 所示。

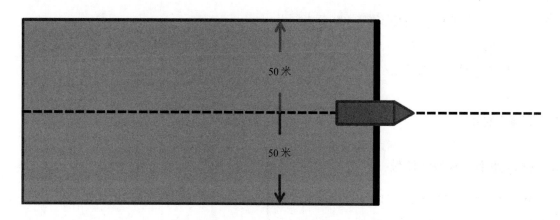

50 米

50 米

图H-2　测量船的扫描覆盖范围

总覆盖范围：

每天的覆盖范围为 17.8 平方公里。

30 天后总覆盖范围为 533.4 平方公里。

H-3　测量后处理

H-3.1　高密度格网处理

在整个测量过程中或完成后，海道测量部门将处理收集到的测深数据，剔除总异常值和错误的水深估值。目前处理大量多波束测深的方法是格网化处理。生成格网可以改进测量数据的可视化，允许使用统计信息来清洗采集的数据。本示例的过程如下：选择底点处声呐脚印大小的两倍作为典型的格网分辨率，生成高密度海底模型。由于脚印的两倍是 0.3 米，可将处理分辨率增加到 0.5 米。

注释　以如此高的分辨率进行格网化，为的是无须在每次启动生产工作时重新访问完整的源数据点云（104 亿个水深估值）。高密度格网的生产和存档允许海道测量部门将高密度表面分解到更粗糙的分辨率，进而更适用于海图产品。

结果　示例测量区域 0.5 米格网：21 亿个节点深度，或小于总采集水深估值数量的 20%。0.5 米分辨率测量区域图形表示如图 H-3 所示。

H-3.2　产品格网的生成

参考本附录开篇处的内容，目标产品为 1 : 22 000 比例尺电子海图。将"高密度"格网减少到 6 米格网，可将格网节点数量从 21 亿减少到 1 460 万。由此产生的 6 米格网作为提取的水深示例，可支持海图生产。总的来说，用于海图产品的采集水深估值不到 1%。

注释　如果 6 米表面作为 S-102 数据集的补充来源，则单个海图水深下方将有 169 个节点深度。见图 H-3。

图H-3　海图水深与6米S-102格网对比